浙江农作物种质资源

丛书主编 林福呈 戚行江 施俊生

特色蔬菜卷

李国景 施俊生 牛晓伟 等 著

科学出版社

北 京

内 容 简 介

本书梳理和总结了农业农村部"第三次全国农作物种质资源普查与收集行动"和浙江省财政专项"浙江种质资源收集与保存"的普查、调查收集和鉴定评价成果。全书共五章，概述了浙江省特色蔬菜种质资源多样性情况，以图文并茂的形式分别介绍了在2017～2020年项目实施期间收集和征集到的薯芋类、水生蔬菜、葱姜蒜类及其他特色蔬菜种质资源，详细描述了187份特色蔬菜优异种质资源的名称、学名、采集地、主要特征特性、优异特性与利用价值、濒危状况及保护措施建议等。

本书主要面向从事蔬菜育种、栽培等研究的科技工作者、大专院校师生，以及蔬菜种业、产业管理人员，农业技术推广工作者，蔬菜种植大户。

图书在版编目（CIP）数据

浙江农作物种质资源. 特色蔬菜卷 / 李国景等著. —北京：科学出版社，
2023.3
　ISBN 978-7-03-074824-9

　Ⅰ. ①浙… Ⅱ. ①李… Ⅲ. ①作物－种质资源－浙江 ②蔬菜－
种质资源－浙江　Ⅳ. ①S329.255 ②S630.24

中国国家版本馆CIP数据核字（2023）第023311号

责任编辑：陈 新 郝晨扬 / 责任校对：周思梦
责任印制：肖 兴 / 封面设计：无极书装

科 学 出 版 社 出版
北京东黄城根北街16号
邮政编码：100717
http://www.sciencep.com

北京九天鸿程印刷有限责任公司 印刷
科学出版社发行 各地新华书店经销
*
2023年3月第 一 版　开本：787×1092　1/16
2023年3月第一次印刷　印张：13 1/2
字数：317 000
定价：268.00 元
（如有印装质量问题，我社负责调换）

"浙江农作物种质资源"
❧ 丛书编委会 ❧

主 编

林福呈　戚行江　施俊生

副主编

陈小央　李国景　张小明　王建军　戴美松

编 委
（以姓名汉语拼音为序）

陈合云　陈小央　戴美松　蒋桂华　柯甫志
李国景　李志邈　林宝刚　林福呈　林天宝
牛晓伟　戚行江　施俊生　汪宝根　王建军
王永强　俞法明　张小明

《浙江农作物种质资源·特色蔬菜卷》
❧ 著 者 名 单 ❧

主要著者

李国景　施俊生　牛晓伟

其他著者
（以姓名汉语拼音为序）

陈合云	陈孝赏	陈新娟	程华娟	范　敏
耿　玮	胡齐赞	黄子洪	姜偲倩	柯甫志
李志邈	林天宝	刘　娜	孟华兵	沈　佳
盛小光	孙玉燕	陶永刚	汪宝根	汪精磊
王凌云	王五宏	王云凤	吴其褒	徐永健
叶伟清	俞法明	岳智臣	张古文	赵彦婷
赵永彬	郑小东	支新中	周　攀	周子奎
朱育强				

"浙江农作物种质资源"

丛 书 序

　　农作物种质资源是农业科技原始创新、现代种业发展的物质基础,是保障粮食安全、建设生态文明、支撑农业可持续发展的战略性资源。近年来,随着城镇建设速度加快,自然环境、种植业结构和土地经营方式等的变化,大量地方品种快速消失,作物野生近缘植物资源急剧减少。因此,农业部(现农业农村部)于2015年启动了"第三次全国农作物种质资源普查与收集行动",以查清我国农作物种质资源本底,并开展种质资源的抢救性收集工作。

　　浙江省为2017年第三批启动"第三次全国农作物种质资源普查与收集行动"的省份之一,完成了63个县(市、区)农作物种质资源的全面普查、20个县(市、区)农作物种质资源的系统调查和抢救性收集,查清了浙江省农作物种质资源的基本情况,收集到各类种质资源3200余份,开展了系统的鉴定评价,筛选出一批优异的农作物种质资源,进一步丰富了我国农作物种质资源的战略储备。

　　在此基础上,浙江省农业科学院系统梳理和总结了浙江省农作物种质资源调查与鉴定评价成果,组织相关科技人员编撰了"浙江农作物种质资源"丛书。该丛书是浙江省"第三次全国农作物种质资源普查与收集行动"的重要成果,其编撰出版对于更好地保护与利用浙江省的农作物种质资源具有重要意义。

　　值此丛书脱稿之际,作此序,表示祝贺,并希望浙江省进一步加强农作物种质资源保护,深入开展种质资源鉴定评价工作,挖掘优异种质、优异基因,进一步推动种质资源共享共用,为浙江省现代种业发展和乡村振兴做出更大贡献。

中国工程院院士　刘旭

2022年2月

"浙江农作物种质资源"

丛书前言

浙江省地处亚热带季风气候带，四季分明，雨量丰沛，地貌形态多样，孕育了丰富的农作物种质资源。浙江省历来重视种质资源的收集保存，先后于1958年、2004年组织开展了全省农作物种质资源调查征集工作，建成了一批具有浙江省地方特色的种质资源保护基地，一批名优地方品种被列为省级重点种质资源保护对象。

2015年，农业部（现农业农村部）启动了"第三次全国农作物种质资源普查与收集行动"。根据总体部署，浙江省于2017年启动了"第三次全国农作物种质资源普查与收集行动"，旨在查清浙江省农作物种质资源本底，抢救性收集珍稀、濒危作物野生种质资源和地方特色品种，以保护浙江省农作物种质资源的多样性，维护农业可持续发展的生态环境。

经过4年多的不懈努力，在浙江省农业厅（现浙江省农业农村厅）和浙江省农业科学院的共同努力下，调查收集和征集到各类种质资源3222份，其中粮食作物1120份、经济作物247份、蔬菜作物1327份、果树作物522份、牧草绿肥作物6份。通过系统的鉴定评价，筛选出一批优异种质资源，其中武义小佛豆、庆元白杨梅、东阳红粟、舟山海萝卜等4份地方特色种质资源先后入选农业农村部评选的2018～2021年"十大优异农作物种质资源"。

为全面总结浙江省"第三次全国农作物种质资源普查与收集行动"成果，浙江省农业科学院组织相关科技人员编撰"浙江农作物种质资源"丛书。本丛书分6卷，共收录了2030份农作物种质资源，其中水稻和油料作物165份、旱粮作物279份、豆类作物319份、大宗蔬菜559份、特色蔬菜187份、果树521份。丛书描述了每份种质资源的名称、学名、采集地、主要特征特性、优异特性与利用价值、濒危状况及保护措施建议等，多数种质资源在抗病性、抗逆性、品质等方面有较大优势，或富含功能因子、观赏价值等，对基础研究具有较高的科学价值，必将在种业发展、乡村振兴等方面发挥巨大作用。

本套丛书集科学性、系统性、实用性、资料性于一体，内容丰富，图文并茂，既可作为农作物种质资源领域的科技专著，又可供从事作物育种和遗传资源研究人员、大专院校师生、农业技术推广人员、种植户等参考。

　　由于浙江省农作物种质资源的多样性和复杂性，资料难以收全，尽管在编撰和统稿过程中注意了数据的补充、核实和编撰体例的一致性，但限于著者水平，书中不足之处在所难免，敬请广大读者不吝指正。

浙江省农业科学院院长　林福呈

2022年2月

目 录

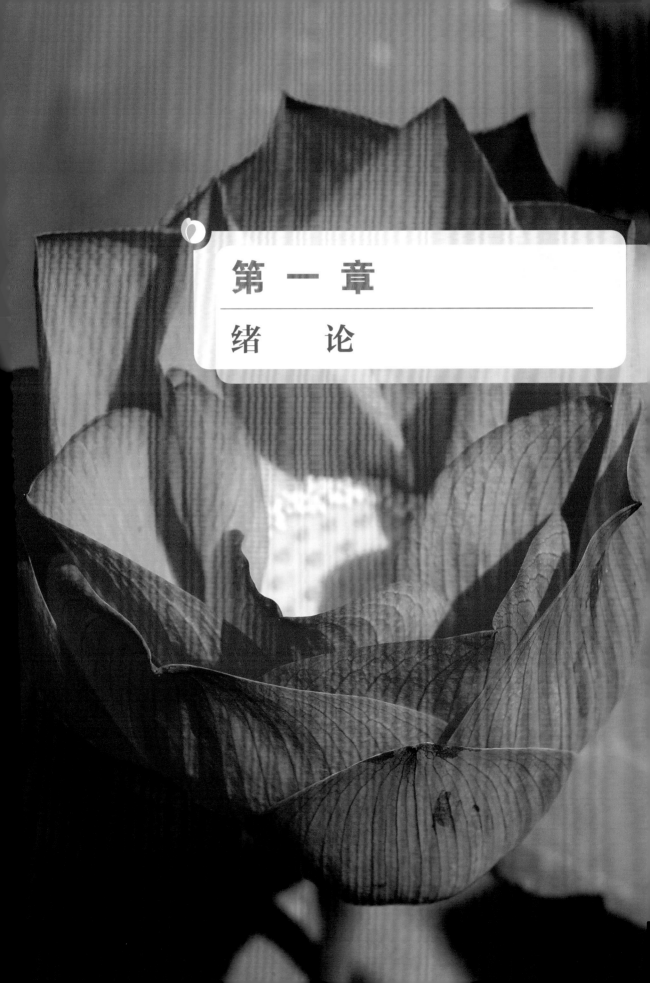

第 一 章

绪 论

浙江地处东南沿海中纬度地带，地貌形态多样，具有独特的地理优势。全省陆域面积10.18万km²，其中山地和丘陵占70.4%，平原和盆地占23.2%，河流和湖泊占6.4%，素称"七山一水两分田"。全省多山地和丘陵，平原、江河、湖泊散布其间。地质、地形、气候的多样性和交互作用，使浙江成为农业门类齐全、作物种类繁多的综合性农区。在众多产业中，蔬菜产业已成为浙江农业生产中的重要产业，在农村经济、农民收入、城乡人民生活、社会经济建设中发挥着不可替代的重要作用。2020年，全省瓜菜播种面积1107万亩（1亩≈666.7m²，后文同），总产量达2119万t。

浙江种植蔬菜已有7000多年的发展历程，在璀璨的历史长河中，形成了浓厚的产业文化积淀，给后人留下了十分珍贵的历史财富。20世纪70年代，从余姚河姆渡遗址中发掘出碳化葫芦种子、菱角。距今4700多年的钱山漾遗址出土了甜瓜。从唐代开始，浙江蔬菜品种日益增多，据《植物名实图考长编》记载，杭嘉湖地区栽培的白菜品种有3个。据《新唐书·地理志》记载，在余杭的土贡中还有"蜜姜、干姜"。南宋嘉泰《会稽志》记载蔬菜品种有9类26种。南宋《梦粱录》记载蔬菜品种有苔心、矮菜、矮黄、大白头、小白头、夏菘、黄芽、芥菜、生菜、菠薐、莴苣、苦荬、葱、薤、韭、大蒜、小蒜、紫茄、水茄、梢瓜、黄瓜、葫芦、冬瓜、瓠子、芋、山药、牛蒡、茭白、蕨菜、萝卜、甘露子、水芹、芦笋、鸡头菜、藕条菜、姜、姜芽、新姜、老姜、菌等。明万历《会稽志》载有蔬菜品种41种，其中叶菜就有白菜、乌菘菜、矮青、箭杆菜（白）、塌棵菜、长梗白、香青菜、矮脚白等多个品种。清雍正《浙江通志》记载蔬菜种类有102个。

1958年浙江省农业厅（现浙江省农业农村厅）组织宁波、金华、嘉兴、台州4所农业学校的师生协助各县首次进行农作物种质资源的征集和调查工作，先后征集到4000多份种质资源。1979年浙江省农业科学院再次补充征集，全省保存农作物种质资源（部分作物包括新选育和外地引进的品种）共计7903份，其中蔬菜种质资源511份。根据《浙江蔬菜品种志》（1994年）的记载，有根菜类等14大类84种种质资源511个品种，种植面积较大的有根菜、白菜、茄果、瓜类等14类。其中，根菜类主要有萝卜、胡萝卜、芜菁、芜菁甘蓝等，白菜类主要有结球白菜（黄芽菜类型和北方大白菜类型）、不结球白菜（包括普通白菜和塌菜两个变种），甘蓝类主要有结球甘蓝、球茎甘蓝、花椰菜，芥菜类主要有根芥、茎芥、叶芥，茄果类主要有番茄、茄子、辣椒，豆类主要有菜豆、豇豆、蚕豆、豌豆、扁豆、利马豆，菜用瓜类有黄瓜、冬瓜、南瓜、葫芦、丝瓜等，葱蒜类主要有大蒜、葱、韭菜、薤，绿叶菜类有菠菜、茎用莴笋、芹菜，薯芋类有马铃薯、姜、芋、山药、豆薯，水生蔬菜主要有莲藕、茭白，多年生蔬菜有黄花菜、芦笋，果用瓜类有西瓜、甜瓜等，以及其他野生蔬菜。

近年来，受气候、耕作制度和农业经营方式的变化，特别是城镇化、工业化快速发展的影响，大量地方品种迅速消失，作物野生近缘植物资源也因其赖以生存繁衍的栖息地遭受破坏而急剧减少。为此，农业部（现农业农村部）、国家发展改革委、科技部联合印发了《全国农作物种质资源保护与利用中长期发展规划（2015—2030年）》（农种发〔2015〕2号）。2015年，农业部启动了"第三次全国农作物种质资源普查与收集行动"，并印发了《第三次全国农作物种质资源普查与收集行动实施方案》（农办种〔2015〕26号）。根据农业部办公厅印发《第三次全国农作物种质资源普查与收集行动2017年实施方案》的通知（农办种〔2017〕8号），2017年起浙江省全面开展农作物种质资源的普查与收集工作。为确保普查与收集工作的顺利实施，2017年浙江省农业厅印发了《浙江省农作物种质资源普查与收集行动实施方案》（浙农专发〔2017〕34号）、浙江省农业科学院印发了《第三次全国农作物种质资源普查与收集行动浙江省农业科学院实施方案》（浙农院科〔2017〕17号），旨在通过开展农作物种质资源普查与收集，抢救性收集珍稀、濒危作物野生种质资源，丰富浙江省农作物种质资源的数量和多样性。

2017～2021年，浙江省农业科学院组建由粮作、蔬菜、园艺、牧草等专业技术人员组成的系统调查队伍，参与全省63个普查县（市、区）农作物种质资源的全面普查和征集，对农作物种质资源最为丰富的20个调查县（市、区）开展系统调查和抢救性收集，对征集和收集到的种质资源进行扩繁、基本生物学特征特性鉴定评价，经过整理、整合并结合农民认知进行编目，提交到国家作物种质库（圃）。

《浙江农作物种质资源·特色蔬菜卷》收录了经鉴定评价后具有代表性的特色蔬菜种质资源187份。这些资源分别采集自浙江11个地级市，其中杭州市22份（淳安县7份、建德市5份、富阳市[①]1份、临安市2份、萧山区1份、桐庐县1份、余杭区2份、其他[②]3份），宁波市14份（宁海县6份、奉化市4份、余姚市3份、其他1份），温州市41份（苍南县10份、瑞安市7份、永嘉县7份、文成县6份、瓯海区4份、泰顺县3份、洞头县2份、平阳县1份、乐清市1份），绍兴市7份（诸暨市3份、越城区2份、新昌县1份、柯桥区1份），湖州市10份（德清县6份、安吉县2份、长兴县1份、吴兴区1份），嘉兴市10份（平湖市4份、桐乡市3份、嘉善县3份），金华市27份（东阳市5份、永康市6份、义乌市5份、浦江县5份、武义县3份、磐安县2份、婺城区1份），衢州市15份（衢江区6份、开化县5份、江山市2份、龙游县2份），台州市21份（黄岩区7份、仙居县6份、温岭市4份、天台县2份、三门县1份、临海市1份），丽水市17份（景宁畲族自治县6份、庆元县3份、龙泉市2份、缙云县2份、松阳县1份、莲都区1份、云和县1份、遂昌县1份），舟山市3份（定海区2份、嵊泗县1份）。

本书主要涉及浙江省薯芋类、水生蔬菜、葱姜蒜类及其他特色蔬菜等30种蔬菜作物，分4章共收录了187份种质资源。其中，第二章收录了薯芋类蔬菜种质资源108份，第三章收录了水生蔬菜种质资源25份，第四章收录了葱姜蒜类蔬菜种质资源37份，第

---

① 富阳市现为富阳区，临安市现为临安区，奉化市现为奉化区，洞头县现为洞头区，全书同。

② "其他"为非国家指定区域收集的种质资源，全书同。

五章收录了其他特色蔬菜种质资源17份。下面主要介绍一下本书所收录芋、山药、茭白、姜的资源概况。

本书收录的芋多为地方品种，少数为野生资源和引进品种。分为魁芋、多子芋、多头芋；叶柄长58.0～140.0cm；叶形有箭形、卵形和心形；叶长25.2～70.0cm，叶宽20.3～51.0cm；母芋形状多样，分为倒圆锥形、椭圆形、扁球形、圆球形、圆柱形、平且多头或长且多头；芽色为白、淡红、黄白、紫红；母芋肉的颜色为白、黄、紫红、紫，母芋纵径5.8～22.5cm、横径4.8～14.3cm，单个母芋重0.1～2.0kg；子芋形状有棒槌形、倒圆锥形、卵圆形、圆球形、长卵形，子芋纵径4.6～12.4cm、横径1.0～7.3cm，子芋总重0.1～2.6kg。

本书收录的山药为地方品种。匍匐茎，节间长6.4～21.4cm；茎粗2.0～4.8cm，茎色绿、紫绿、褐绿色；叶色黄绿、深绿或灰绿，叶长7.3～21.8cm，叶宽4.4～13.7cm，叶脉黄绿、绿或紫色，无卷须；叶柄茸毛稀少，柄色为绿、浅绿或紫红色，柄长2.8～10.3cm；块茎呈块状，形状有扁平、不规则、长卵形、卵形、圆柱形、近圆形、脚状等，表皮光滑、少皱或多皱，褐色、灰色或浅褐色，纵径8.7～62.5cm、横径3.3～13.3cm，块茎二分枝或多分枝，块茎肉色多样，有黄白、乳白、紫色、浅紫等，单株块茎重0.2～3.0kg；块根根毛分布在底部、上部、中部或全部。

本书收录的茭白多为地方品种，个别为选育品种，单季或双季茭。株高115.0～235.0cm；叶长76.0～139.8cm，叶宽2.6～4.1cm；总分蘖数13.0～24.6个，其中有效分蘖数9.1～15.2个。壳茭紫绿色；净茭表皮光滑，蜡台形、纺锤形或长条形，肉质茎长11.0～23.8cm、粗2.4～4.2cm，皮色浅绿或白色，致密；单个壳茭重59.1～156.3g，单个净茭重42.5～113.6g。

本书收录的姜为地方品种。株高65.2～128.7cm，株幅49.2～91.2cm，分枝数12.0～40.0个；叶长18.9～30.0cm，叶宽2.5～3.4cm，叶形为披针形，叶色绿、深绿、黄绿、浅绿等；根状茎单行、双行或不规则排列，茎长17.2～31.2cm，茎宽5.8～19.3cm，皮色淡黄或黄，光滑或微皱，分枝4～6级，茎重0.32～0.97kg；子姜形状为灯泡形或纺锤形，长4.1～7.1cm、粗2.1～3.6cm，肉色黄白、淡黄、黄。大多数中抗姜瘟病。

本书还编录了蕉芋、襄荷、菊芋、莲、菱、荸荠、莼菜、葱、蒜、薤白、藠头、韭、芫荽、黄花菜、木耳菜、蒲公英、马兰、水芹、鱼腥草、乌饭树、观音柴等种质资源。

第 二 章

浙江省薯芋类蔬菜种质资源

第一节　芋类种质资源

1　建德毛芋
2017332021①
【学　名】Araceae（天南星科）Colocasia（芋属）Colocasia esculenta（芋）。
【采集地】浙江省杭州市建德市。

【主要特征特性】多子芋，中熟。株高138.0cm，叶柄长125.0cm；叶心形，叶面皱褶，叶尖钝尖，叶基心形，叶长55.0cm，叶宽41.5cm。叶柄上部紫红色，中下部绿色；母芋圆球形，芋芽淡红色，芋肉白色，芋肉纤维淡黄色，纵径11.8cm，横径10.5cm，重900.0g；子芋、孙芋卵圆形，子芋纵径8.1cm，横径4.4cm，重约103.4g，单株子芋16个左右；孙芋纵径5.9cm，横径3.8cm，重约39.8g，单株孙芋8个左右；单株产量2800.0g。浙江省2~3月播种，10~11月可采收。当地农民认为该品种品质好，子芋多，产量高。

【优异特性与利用价值】子芋较多，产量较高，芋肉纤维化程度低，耐贮性好。母芋、子芋、孙芋皆可食用，可煮食、烤食，可作饲料。

【濒危状况及保护措施建议】少数农户零星种植，收集困难。建议异位妥善保存，扩大种植面积。

① 全国统一编号，无编号资源为非国家指定区域收集的资源，但属于优异资源，全书同。

2 里黄毛芋
2017332071

【学　名】Araceae（天南星科）Colocasia（芋属）Colocasia esculenta（芋）。
【采集地】浙江省杭州市建德市。

【主要特征特性】多子芋，早熟。株高117.0cm，叶柄长106.0cm；叶心形，叶面皱褶，叶尖钝尖，叶基心形，叶长50.4cm，叶宽35.4cm。叶柄上部紫红色，中下部黄绿色；母芋圆柱形，芋芽白色，芋肉白色，芋肉纤维淡黄色，母芋纵径9.4cm，横径8.8cm，重410.0g；子芋、孙芋卵圆形，子芋纵径8.4cm，横径4.3cm，重约100.1g，单株子芋8个左右；孙芋纵径6.8cm，横径3.8cm，重约41.0g，单株孙芋8个左右；单株产量1100.0g。浙江省2~3月播种，10月后可采收。当地农民认为该品种品质好，但产量一般，可食用、饲用、药用等。

【优异特性与利用价值】早熟，芋肉纤维化程度低，耐贮性好。主食子芋、孙芋，母芋可作饲料。

【濒危状况及保护措施建议】少数农户零星种植，收集困难。建议异位妥善保存，扩大种植面积。

3 邬脚芋

2017333053

【学　名】Araceae（天南星科）Colocasia（芋属）Colocasia esculenta（芋）。

【采集地】浙江省宁波市宁海县。

【主要特征特性】多子芋，中熟。株高130.0cm，叶柄长120.0cm；叶箭形，叶面皱褶，叶尖钝尖，叶基箭形，叶长55.5cm，叶宽38.5cm。叶柄上部紫红色，中下部紫黑色；母芋圆柱形，芋芽黄白色，芋肉白色，芋肉纤维淡黄色，母芋纵径10.9cm，横径10.1cm，重700.0g；子芋、孙芋卵圆形，子芋纵径7.3cm，横径4.4cm，重约88.5g，单株子芋13个左右；孙芋纵径5.1cm，横径3.6cm，重约30.4g，单株孙芋5个左右；单株产量2000.0g。当地农民认为该品种品质好。

【优异特性与利用价值】子芋多，芋肉纤维化程度低，耐贮性好。主食子芋、孙芋，母芋可作饲料。

【濒危状况及保护措施建议】少数农户零星种植，收集困难。建议异位妥善保存，扩大种植面积。

4 龙宫水芋

2017333061

【学　名】Araceae（天南星科）Colocasia（芋属）Colocasia esculenta（芋）。

【采集地】浙江省宁波市宁海县。

【主要特征特性】魁芋，中熟。株高138.0cm，叶柄长130.0cm；叶心形，叶面平展，叶尖钝尖，叶基心形，叶长53.8cm，叶宽35.9cm。叶柄紫红色；母芋圆柱形，芋芽白色，芋肉白色，芋肉纤维淡黄色，母芋纵径12.4cm，横径10.6cm，重925.0g；子芋、孙芋卵圆形，子芋纵径5.7cm，横径3.8cm，重约38.3g，单株子芋10个左右；孙芋纵径4.4cm，横径3.0cm，重约14.7g，单株孙芋15个左右；单株产量1500.0g。当地农民认为该品种品质好，产量一般，耐涝。

【优异特性与利用价值】母芋大，芋肉纤维化程度低，耐贮性好。主食母芋，子芋、孙芋亦可食用，可煮食、烤食，可作饲料。

【濒危状况及保护措施建议】少数农户零星种植，收集困难。建议异位妥善保存，扩大种植面积。

5 香秆芋

2017333062

【学　名】Araceae（天南星科）Colocasia（芋属）Colocasia esculenta（芋）。

【采集地】浙江省宁波市宁海县。

【主要特征特性】多子芋，中熟。株高130.0cm，叶柄长123.0cm；叶心形，叶面平展，叶尖钝尖，叶基心形，叶长50.3cm，叶宽38.7cm。叶柄上部紫红色，中下部乌绿色；母芋圆柱形，芋芽淡红色，芋肉白色，芋肉纤维淡黄色，母芋纵径10.4cm，横径9.0cm，重483.0g；子芋、孙芋卵圆形，子芋纵径8.0cm，横径3.3cm，重约95.3g，单株子芋10个左右；孙芋纵径5.3cm，横径2.8cm，重约23.0g，单株孙芋18个左右；单株产量1400.0g。当地农民认为该品种品质好，子芋多，产量中等。

【优异特性与利用价值】子芋较多，品相好，芋肉纤维化程度低，耐贮性好。主食子芋、孙芋，可煮食，烤食。母芋可作饲料。

【濒危状况及保护措施建议】少数农户零星种植，收集困难。建议异位妥善保存，扩大种植面积。

6 红芽芋（龙宫）

2017333063

【学 名】Araceae（天南星科）Colocasia（芋属）Colocasia esculenta（芋）。
【采集地】浙江省宁波市宁海县。

【主要特征特性】多子芋，中熟。株高125.0cm，叶柄长114.0cm；叶卵形，叶面平展，叶尖钝尖，叶基心形，叶长48.1cm，叶宽26.1cm。叶柄上部紫红色，中下部绿色；母芋圆柱形，芋芽淡红色，芋肉白色，芋肉纤维淡黄色，母芋纵径21.6cm，横径7.1cm，重530.0g；子芋、孙芋棒槌形，子芋纵径10.2cm，横径3.4cm，重约47.5g，单株子芋14个左右；孙芋纵径5.7cm，横径2.2cm，重约12.1g，单株孙芋28个左右；单株产量1000.0g。当地农民认为该品种品质好，子芋多，产量一般。

【优异特性与利用价值】母芋圆柱形，品质较好。子芋较多，芋肉纤维化程度低，耐贮性好。母芋、子芋、孙芋皆可食用，可煮食、烤食，可作饲料。

【濒危状况及保护措施建议】少数农户零星种植，收集困难。建议异位妥善保存，扩大种植面积。

7 奉化芋艿头
2017334004

【学 名】Araceae（天南星科）Colocasia（芋属）Colocasia esculenta（芋）。
【采集地】浙江省宁波市奉化市。

【主要特征特性】魁芋，中熟，生育期180～200天。株高110.0cm左右，叶柄长94.0cm左右；叶卵形，叶面平展，叶尖钝尖，叶基心形，叶长49.0cm，叶宽32.8cm。叶柄上部紫红色，中下部绿色；母芋、子芋、孙芋皆可食用，以母芋为主。母芋占总产量的60%～70%，孙芋较少。母芋圆球形，表皮棕黄色，芋头粉红色，母芋皮层较薄，芋肉纤维化程度低，球茎质地为粉质、糯滑。母芋平均重1200.0g，大的可达2500.0g。子芋、孙芋卵圆形或倒圆锥形。耐湿性较强，对疫病、污斑病田间抗性表现为中抗，主要虫害有斜纹夜蛾等。

【优异特性与利用价值】质地为粉质、糯滑可口，营养丰富，耐贮性好。食用方法多样，且各具风味，可烘蒸、生烤、热炒、白切、浇汤、煮冻等。宁波地区具有较高知名度的地方品种，具有较深厚的历史底蕴。

【濒危状况及保护措施建议】浙江省首批保护名录品种之一。在奉化当地分布较广，但近年来种植面积萎缩，建议异位妥善保存，扩大种植面积。

8 黄蜂尖

2017334033

【学 名】Araceae（天南星科）Colocasia（芋属）Colocasia esculenta（芋）。
【采集地】浙江省宁波市奉化市。

【主要特征特性】魁芋，中熟。株高138.0cm，叶柄长127.0cm；叶卵形，叶面平展，叶尖钝尖，叶基心形，叶长70.0cm，叶宽49.8cm。叶柄上部绿色，中下部深绿色；母芋椭圆形，芋芽白色，芋肉黄色，芋肉纤维淡黄色；子芋、孙芋卵圆形，单株子芋6个左右，单株孙芋12个左右；单株产量1800.0g。当地农民认为该品种秆青白色，质粉、滑、糯，口感好，外形狭长，品相一般，吃子芋，抗枯萎病差，不耐旱。

【优异特性与利用价值】产量较高，芋肉纤维化程度低，质粉、滑、糯，口感好。母芋、子芋皆可食用，以子芋为主，可作饲料。

【濒危状况及保护措施建议】当地少数农户零星种植，收集困难。建议异位妥善保存，扩大种植面积。

9 乌脚尖

2017334034

【学　名】Araceae（天南星科）*Colocasia*（芋属）*Colocasia esculenta*（芋）。

【采集地】浙江省宁波市奉化市。

【主要特征特性】多子芋，早熟。株高128.0cm，叶柄长116.0cm；叶卵形，叶面皱褶，叶尖钝尖，叶基箭形，叶长58.5cm，叶宽34.0cm。叶柄上部绿色，中下部紫黑色；母芋圆球形，芋芽白色，芋肉白色，芋肉纤维淡黄色；子芋、孙芋卵圆形，单株子芋8个左右，单株孙芋16个左右；单株产量600.0g。田间表现高感炭疽病、疫病。当地农民认为该品种子芋口感滑糯，母芋口感较差。

【优异特性与利用价值】早熟，子芋口感较好，耐贮性好。主食子芋、孙芋，母芋口感稍差，可作饲料。

【濒危状况及保护措施建议】当地少数农户零星种植，收集困难。建议异位妥善保存，扩大种植面积。

10 六月红水芋

2017335020

【学　名】Araceae（天南星科）Colocasia（芋属）Colocasia esculenta（芋）。

【采集地】浙江省温州市苍南县。

【主要特征特性】多子芋，早熟。株高125.0cm，叶柄长110.0cm；叶心形，叶面皱褶，叶尖钝尖，叶基心形，叶长63.3cm，叶宽44.2cm。叶柄上部紫红色，中下部紫黑色；母芋圆球形，芋芽淡红色，芋肉白色，芋肉纤维淡黄色；子芋、孙芋卵圆形，单株子芋11个左右，单株孙芋15个左右；单株产量1800.0g。田间表现抗疫病、炭疽病。当地农民认为该品种品质较好。

【优异特性与利用价值】早熟，抗性好，子芋、孙芋多产，芋肉纤维化程度低，耐贮性好。主食子芋、孙芋，母芋口感稍差，可作饲料。可作为抗性育种材料。

【濒危状况及保护措施建议】少数农户零星种植，收集困难。建议异位妥善保存，扩大种植面积。

11 鼻涕芋
2017335039

【学　名】Araceae（天南星科）*Colocasia*（芋属）*Colocasia esculenta*（芋）。
【采集地】浙江省温州市苍南县。

【主要特征特性】多子芋，早熟。株高120.0cm，叶柄长108.0cm；叶卵形，叶面平展，叶尖钝尖，叶基心形，叶长62.0cm，叶宽51.0cm。叶柄上部紫红色，中下部乌紫色；母芋圆柱形，芋芽淡红色，芋肉白色，芋肉纤维淡黄色；子芋、孙芋卵圆形，单株子芋15个左右，单株孙芋12个左右；单株产量2900.0g。当地农民认为该品种品质好，子芋多，产量高。

【优异特性与利用价值】早熟，芋肉纤维化程度低，耐贮性好。主食子芋、孙芋，母芋口感稍差，可作饲料。

【濒危状况及保护措施建议】少数农户零星种植，收集困难。建议异位妥善保存，扩大种植面积。

12 八月芋

2017335040

【学 名】Araceae（天南星科）Colocasia（芋属）Colocasia esculenta（芋）。

【采集地】浙江省温州市苍南县。

【主要特征特性】多子芋，晚熟。株高155.0cm，叶柄长140.0cm；叶箭形，叶面皱褶，叶尖锐尖，叶基箭形，叶长59.8cm，叶宽38.3cm。叶柄上部紫红色，中下部紫黑色；母芋圆球形，芋芽淡红色，芋肉白色，芋肉纤维淡黄色；子芋、孙芋卵圆形，单株子芋12个左右，单株孙芋14个左右；单株产量1600.0g。浙江省3～4月播种，10～11月即可收获。当地农民认为该品种茎绿，晚熟，品质优，产量较高。

【优异特性与利用价值】晚熟品种，子芋较多，产量较高，口感好。母芋、子芋、孙芋皆可食用，可作饲料。

【濒危状况及保护措施建议】少数农户零星种植，收集困难。建议异位妥善保存，扩大种植面积。

13 武义水芋

2017331087

【学　名】Araceae（天南星科）Colocasia（芋属）Colocasia esculenta（芋）。
【采集地】浙江省金华市武义县。

【主要特征特性】魁芋，中晚熟。株高100.0cm左右，叶柄长87.0cm左右；叶卵形，叶面皱褶，叶尖钝尖，叶基箭形，叶长44.9cm，叶宽33.4cm。叶柄上部、中下部均为紫红色；母芋圆球形，芋芽黄白色，芋肉白色，芋肉纤维紫色；子芋、孙芋卵圆形，单株子芋5个左右，单株孙芋4个左右；单株产量1200.0g。浙江省3月播种，11月可采收。当地农民认为该品种质粉，口感好，品质优，抗性强。母芋较大，可菜用，具有保健作用。

【优异特性与利用价值】品质优，芋肉纤维化程度低，耐贮性好。母芋、子芋、孙芋皆可食用，可作饲料。可作为育种材料。

【濒危状况及保护措施建议】当地少数农户零星种植，收集困难。建议异位妥善保存，扩大种植面积。

14 河山芋艿

2018331421

【学　名】Araceae（天南星科）Colocasia（芋属）Colocasia esculenta（芋）。
【采集地】浙江省嘉兴市桐乡市。

【主要特征特性】多子芋，中晚熟。株高121.0cm，叶柄长97.0cm；叶心形，叶面平展，叶尖钝尖，叶基心形，叶长53.5cm，叶宽36.9cm。叶柄上部紫红色，中下部绿色；母芋圆球形，芋芽淡红色，芋肉白色，芋肉纤维淡黄色；子芋、孙芋卵圆形，单株子芋10个左右，单株孙芋14个左右，单株产量1900.0g。浙江省3月前后播种，10月中上旬可采收。当地农民认为该品种子芋较多，芋芽红色，产量较高，品质好，较糯。

【优异特性与利用价值】子芋较多，产量较高，芋肉纤维化程度低，耐贮性好。主食子芋、孙芋，母芋口感稍差，可作饲料。

【濒危状况及保护措施建议】当地少数农户零星种植，收集困难。建议异位妥善保存，扩大种植面积。

15 多头芋艿

2018331476

【学　名】Araceae（天南星科）*Colocasia*（芋属）*Colocasia esculenta*（芋）。

【采集地】浙江省嘉兴市桐乡市。

【主要特征特性】多头芋，中晚熟。株高115.0cm，叶柄长103.0cm；叶箭形，叶面平展，叶尖锐尖，叶基心形，叶长35.3cm，叶宽23.0cm。叶柄上部紫红色，中下部绿色；母芋平且多头，芋芽淡红色，芋肉白色，芋肉纤维淡黄色；子芋、孙芋卵圆形；单株产量2100.0g。浙江省3月上旬播种，10月上旬采收。当地农民认为该品种软糯，黏性较差，叶片小，梗细，子芋多。

【优异特性与利用价值】多头芋，口感软糯，母芋、子芋、孙芋皆可食用，可作饲料。是省内为数不多的多头芋品种，可作为育种材料。

【濒危状况及保护措施建议】当地少数农户零星种植，收集困难。建议异位妥善保存，扩大种植面积。

16 红秆毛芋
2018332069

【学　名】Araceae（天南星科）Colocasia（芋属）Colocasia esculenta（芋）。
【采集地】浙江省丽水市景宁畲族自治县。

【主要特征特性】多子芋，中晚熟。株高98.0cm，叶柄长85.0cm；叶卵形，叶面皱褶，叶尖钝尖，叶基心形，叶长50.6cm，叶宽34.8cm。叶柄上部紫红色，中下部绿色；母芋圆球形，芋芽白色，芋肉白色，芋肉纤维淡黄色；子芋、孙芋卵圆形，单株子芋8个左右，单株孙芋15个左右；单株产量700.0～1200.0g。浙江省3月上旬左右播种，10～11月采收。

【优异特性与利用价值】品质较好，芋肉纤维化程度低，耐贮性好。母芋、子芋、孙芋皆可食用，可作饲料。

【濒危状况及保护措施建议】当地少数农户零星种植，收集困难。建议异位妥善保存，扩大种植面积。

17 台湖毛芋-1

2018332219

【学 名】Araceae（天南星科）Colocasia（芋属）Colocasia esculenta（芋）。

【采集地】浙江省丽水市庆元县。

【主要特征特性】多子芋，中早熟。株高120.0cm，叶柄长110.0cm；叶卵形，叶面皱褶，叶尖钝尖，叶基箭形，叶长54.0cm，叶宽38.7cm。叶柄上部紫红色，中下部紫黑色；母芋圆球形，芋芽白色，芋肉白色，芋肉纤维淡黄色；子芋、孙芋长卵形，单株子芋10个左右，单株孙芋11个左右；单株产量1000.0g。田间表现综合抗性较高。浙江省3月播种，9月左右可采收。当地农民认为该品种品质较好，产量一般。

【优异特性与利用价值】抗病性较好，芋肉纤维化程度低，耐贮性好。母芋、子芋、孙芋皆可食用，可煮食、烤食，可作饲料。可作为抗性育种材料。

【濒危状况及保护措施建议】当地少数农户零星种植，收集困难。建议异位妥善保存，扩大种植面积。

18 台湖毛芋-2

2018332220

【学　名】Araceae（天南星科）Colocasia（芋属）Colocasia esculenta（芋）。

【采集地】浙江省丽水市庆元县。

【主要特征特性】多子芋，早熟。株高120.0cm，叶柄长111.0cm；叶卵形，叶面平展，叶尖钝尖，叶基箭形，叶长54.5cm，叶宽37.5cm。叶柄上部淡紫红色，中下部青绿色；母芋扁球形，芋芽白色，芋肉白色，芋肉纤维淡黄色；子芋、孙芋卵圆形，单株子芋6个左右，单株孙芋11个左右；单株产量1400.0g。浙江省3月播种，8月下旬开始采收。当地农民认为该品种青秆，品质好，产量中等，耐贮性较差。

【优异特性与利用价值】早熟，芋肉纤维化程度低。母芋、子芋、孙芋皆可食用，可煮食、烤食，可作饲料。

【濒危状况及保护措施建议】当地少数农户零星种植，收集困难。建议异位妥善保存，扩大种植面积。

19 库坑芋头
2018332452

【学　名】Araceae（天南星科）Colocasia（芋属）Colocasia esculenta（芋）。
【采集地】浙江省衢州市开化县。

【主要特征特性】多子芋，中晚熟。株高130.0cm，叶柄长117.0cm；叶心形，叶面平展，叶尖钝尖，叶基心形，叶长56.2cm，叶宽45.6cm。叶柄上部紫红色，中下部深绿色；母芋圆柱形，芋芽白色，芋肉白色，芋肉纤维淡黄色；子芋、孙芋卵圆形，单株子芋10个左右，单株孙芋13个左右；单株产量1400.0g。浙江省3~4月播种，10月后可采收。田间综合抗病性较好。当地农民认为该品种品质好，产量一般。

【优异特性与利用价值】抗病性较好，可作为抗性育种材料。芋肉纤维化程度低，口感好。母芋、子芋、孙芋皆可食用，可煮食、炒食，可作饲料。

【濒危状况及保护措施建议】少数农户零星种植，收集困难。建议异位妥善保存，扩大种植面积。

20 赖家芋芃

2018333230

【学　名】Araceae（天南星科）Colocasia（芋属）Colocasia esculenta（芋）。

【采集地】浙江省衢州市衢江区。

【主要特征特性】多子芋，中熟。株高123.0cm，叶柄长112.0cm；叶箭形，叶面平展，叶尖锐尖，叶基箭形，叶长51.0cm，叶宽30.3cm。叶柄上部紫红色，中下部乌紫色；母芋圆柱形，芋芽黄白色，芋肉白色，芋肉纤维淡黄色；子芋、孙芋卵圆形，单株子芋20个左右，单株孙芋7个左右；单株产量2700.0g。浙江省3月播种，10月前后可采收。当地农民认为该品种品质好，子芋多，产量较高。

【优异特性与利用价值】子芋多，芋肉纤维化程度低，品质好，产量较高。母芋、子芋、孙芋皆可食用，可作饲料。

【濒危状况及保护措施建议】当地少数农户零星种植，收集困难。建议异位妥善保存，扩大种植面积。

21　翁源芋头
2018333260

【学　名】Araceae（天南星科）Colocasia（芋属）Colocasia esculenta（芋）。

【采集地】浙江省衢州市衢江区。

【主要特征特性】多子芋，早熟。株高120.0cm，叶柄长111.0cm；叶卵形，叶面皱褶，叶尖钝尖，叶基箭形，叶长55.1cm，叶宽32.1cm。叶柄上部黄绿色，中下部紫黑色；母芋扁球形，芋芽白色，芋肉白色，芋肉纤维淡黄色；子芋、孙芋卵圆形，单株子芋7个左右，单株孙芋10个左右；单株产量600.0g。浙江省3月前后播种，9月中下旬可采收。当地农民认为该品种早熟，品质好，产量不高。

【优异特性与利用价值】早熟，主食子芋、孙芋，母芋口感稍差，可作饲料。可作为选育早熟品种的材料。

【濒危状况及保护措施建议】当地少数农户零星种植，收集困难。建议异位妥善保存，扩大种植面积。

22 诸暨红花芋
2018334184

【学 名】Araceae（天南星科）Colocasia（芋属）Colocasia esculenta（芋）。

【采集地】浙江省绍兴市诸暨市。

【主要特征特性】魁芋，晚熟。株高150.0cm，叶柄长139.0cm；叶卵形，叶面皱褶，叶尖钝尖，叶基心形，叶长62.2cm，叶宽43.7cm。叶柄上部紫红色，中下部黄绿色；母芋倒圆锥形，芋芽淡红色，芋肉白色，芋肉纤维紫色；子芋、孙芋棒槌形，单株子芋6个左右，单株孙芋8个左右；单株产量1200.0g。浙江省3月前后播种，10月下旬可采收。当地农民认为该品种品质较好，产量一般，抗病性一般。

【优异特性与利用价值】品质较好，芋肉纤维化程度低，耐贮性好。母芋、子芋、孙芋皆可食用，可作饲料。

【濒危状况及保护措施建议】当地少数农户零星种植，收集困难。建议异位妥善保存，扩大种植面积。

23 浣东芋艿

2018334186

【学　名】Araceae（天南星科）Colocasia（芋属）Colocasia esculenta（芋）。

【采集地】浙江省绍兴市诸暨市。

【主要特征特性】多子芋，中晚熟。株高125.0cm，叶柄长112.0cm；叶卵形，叶面皱褶，叶尖钝尖，叶基心形，叶长56.0cm，叶宽39.7cm。叶柄上部紫红色，中下部深绿色；母芋圆球形，芋芽白色，芋肉白色，芋肉纤维紫色；子芋、孙芋卵圆形，单株子芋8个左右，单株孙芋33个左右；单株产量1000.0～1500.0g。浙江省3月左右播种，11月开始采收。当地农民认为该品种口感好，酥糯，抗性好。

【优异特性与利用价值】子芋、孙芋较多，芋肉纤维化程度低，耐贮性好。主食子芋、孙芋，母芋可作饲料。

【濒危状况及保护措施建议】当地少数农户零星种植，收集困难。建议异位妥善保存，扩大种植面积。

24 乾隆芋艿

2018334214

【学　名】Araceae（天南星科）Colocasia（芋属）Colocasia esculenta（芋）。

【采集地】浙江省绍兴市诸暨市。

【主要特征特性】魁芋，中早熟。株高122.0cm，叶柄长109.0cm；叶箭形，叶面皱褶，叶尖钝尖，叶基箭形，叶长59.4cm，叶宽36.2cm。叶柄上部黄绿色，中下部紫黑色；母芋圆球形，芋芽淡红色，芋肉白色，芋肉纤维淡黄色；子芋、孙芋卵圆形，单株子芋6个左右，单株孙芋12个左右；单株产量1300.0g左右。浙江省3月播种，10月初可采收。当地农民认为该品种口感好，香、粉，不抗蚜虫。相传乾隆皇帝吃过，故得名"乾隆芋艿"。

【优异特性与利用价值】中早熟品种，品质好，芋肉纤维化程度低，耐贮性好。母芋、子芋、孙芋皆可食用，可作饲料。

【濒危状况及保护措施建议】当地少数农户零星种植，收集困难。建议异位妥善保存，扩大种植面积。

25 柴家子芋

2018334255

【学　名】Araceae（天南星科）Colocasia（芋属）Colocasia esculenta（芋）。

【采集地】浙江省台州市仙居县。

【主要特征特性】多子芋，中早熟。株高120.0cm，叶柄长109.0cm；叶卵形，叶面平展，叶尖钝尖，叶基心形，叶长59.1cm，叶宽41.4cm。叶柄上部紫红色，中下部黄绿色；母芋圆球形，芋芽淡红色，芋肉白色，芋肉纤维白色；子芋、孙芋卵圆形，单株子芋6个左右，单株孙芋12个左右；单株产量800.0g。浙江省1月即可播种，立冬前后可采收。当地农民认为该品种籽粒中等，鸡蛋大小，长椭圆形，品质好，口感糯。

【优异特性与利用价值】中早熟，耐贮性好。主食子芋、孙芋，可煮食、炒菜，母芋口感稍差，可作饲料。

【濒危状况及保护措施建议】当地少数农户零星种植，收集困难。建议异位妥善保存，扩大种植面积。

26 仙居生姜芋

2018334272

【学　名】Araceae（天南星科）Colocasia（芋属）Colocasia esculenta（芋）。

【采集地】浙江省台州市仙居县。

【主要特征特性】多头芋，晚熟。株高121.0cm，叶柄长109.0cm；叶盾形，叶面平展，叶尖锐尖，叶基箭形，叶长54.5cm，叶宽30.9cm。叶柄上部绿色，中下部乌紫色；母芋、子芋结成块，不易分开。母芋圆球形，芋芽紫红色，芋肉白色稍粉，芋肉纤维淡紫色；子芋、孙芋长卵形，单株子芋5个左右，单株孙芋13个左右；单株产量1100.0g。浙江省3月左右播种，霜降前采收。当地农民认为该品种品质好，偏粉，抗病性、抗虫性较强。

【优异特性与利用价值】多头芋类型，耐热，较耐干旱，抗病性、抗虫性较强，品质好，耐贮藏。母芋、子芋、孙芋皆可食用，可作饲料。

【濒危状况及保护措施建议】少数农户零星种植，收集困难。建议异位妥善保存，扩大种植面积。

27 仙居红花芋

2018334354

【学　名】Araceae（天南星科）Colocasia（芋属）Colocasia esculenta（芋）。

【采集地】浙江省台州市仙居县。

【主要特征特性】多子芋，中晚熟。株高135.0cm，叶柄长120.0cm；叶卵形，叶面平展，叶尖钝尖，叶基心形，叶长56.0cm，叶宽38.5cm。叶柄上部紫红色，中下部黄绿色；母芋圆球形，芋芽淡红色，芋肉白色，芋肉纤维淡黄色；子芋、孙芋卵圆形，单株子芋8个左右，单株孙芋18个左右；单株产量1000.0～1500.0g。田间表现易感疫病、炭疽病等。当地农民认为该品种品质优，肉质粉，耐热，耐贮藏，宜煮食。

【优异特性与利用价值】耐热、耐旱性强，肉质粉，品质优，耐贮藏。主食子芋、孙芋，母芋口感稍差，可作饲料。

【濒危状况及保护措施建议】当地少数农户零星种植，收集困难。建议异位妥善保存，扩大种植面积。

28 定海水芋

2018335030

【学　名】Araceae（天南星科）Colocasia（芋属）Colocasia esculenta（芋）。
【采集地】浙江省舟山市定海区。

【主要特征特性】多子芋，中熟。株高115.0cm，叶柄长103.0cm；叶心形，叶面皱褶，叶尖钝尖，叶基心形，叶长57.0cm，叶宽38.6cm。叶柄上部紫红色，中下部深绿色；母芋圆球形，芋芽淡红色，芋肉白色，芋肉纤维淡黄色；子芋、孙芋卵圆形，单株子芋4个左右，单株孙芋11个左右；单株产量600.0～1200.0g。田间表现中抗疫病、炭疽病，耐涝，喜水。当地农民认为该品种品质较好，产量低。

【优异特性与利用价值】品质较好，芋肉纤维化程度低，耐贮性好。母芋、子芋、孙芋皆可食用，可作饲料。

【濒危状况及保护措施建议】当地少数农户零星种植，收集困难。建议异位妥善保存，扩大种植面积。

29 定海旱芋

2018335032

【学 名】Araceae（天南星科）Colocasia（芋属）Colocasia esculenta（芋）。

【采集地】浙江省舟山市定海区。

【主要特征特性】多子芋，中早熟。株高110.0cm，叶柄长98.0cm；叶心形，叶面平展，叶尖钝尖，叶基心形，叶长64.2cm，叶宽40.1cm。叶柄上部紫红色，中下部绿色；母芋圆形，芋芽淡红色，芋肉白色，芋肉纤维淡黄色；子芋、孙芋卵圆形，单株子芋8个左右，单株孙芋18个左右；单株产量1500.0g。当地农民认为该品种子芋较多，品质好，产量较高。

【优异特性与利用价值】中早熟，子芋、孙芋较多，品质好，芋肉纤维化程度低，耐贮性好。主食子芋、孙芋，可煮食、烤食，可作饲料。

【濒危状况及保护措施建议】当地少数农户零星种植，收集困难。建议异位妥善保存，扩大种植面积。

30 红芽芋头

2018335209

【学　名】Araceae（天南星科）Colocasia（芋属）Colocasia esculenta（芋）。
【采集地】浙江省温州市瑞安市。

【主要特征特性】多子芋，早熟。株高105.0cm，叶柄长93.0cm；叶心形，叶面平展，叶尖钝尖，叶基心形，叶长51.3cm，叶宽38.7cm。叶柄上部紫红色，中下部绿色；母芋圆球形，芋芽粉红色，芋肉白色，芋肉纤维淡黄色；子芋、孙芋卵圆形，单株子芋8个左右，单株孙芋18个左右；单株产量1000.0g。浙江省2月下旬播种，7~8月即可采收。当地农民认为该品种品质好，肉质白，口感粉脆，当地用其做月饼馅配料，产量中等。

【优异特性与利用价值】早熟，子芋、孙芋较多，品质好，芋肉纤维化程度低，耐贮性好。主食子芋、孙芋，母芋口感稍差，可作饲料。

【濒危状况及保护措施建议】当地少数农户零星种植，收集困难。建议异位妥善保存，扩大种植面积。

31 范东芋艿
2018335415

【学　名】Araceae（天南星科）Colocasia（芋属）Colocasia esculenta（芋）。
【采集地】浙江省嘉兴市嘉善县。

【主要特征特性】多子芋，中早熟。株高116.0cm，叶柄长107.0cm；叶卵形，叶面平展，叶尖钝尖，叶基心形，叶长58.5cm，叶宽42.5cm。叶柄上部紫红色，中下部绿色；母芋圆柱形，芋芽黄白色，芋肉白色，芋肉纤维淡黄色；子芋、孙芋长卵形，表面较光滑，无毛，单株子芋20个左右，单株孙芋25个左右；单株产量1100.0～1600.0g。浙江省1～3月播种，11月前后采收。当地农民认为该品种品质好，口感糯，子芋较多，产量较高。

【优异特性与利用价值】中早熟，子芋较多，产量较高，口感糯。主食子芋、孙芋，母芋口感稍差，可作饲料。

【濒危状况及保护措施建议】当地少数农户零星种植，收集困难。建议异位妥善保存，扩大种植面积。

32 马家桥芋艿
2018335496

【学　名】Araceae（天南星科）Colocasia（芋属）Colocasia esculenta（芋）。
【采集地】浙江省嘉兴市嘉善县。

【主要特征特性】多子芋，中晚熟。株高115.0cm，叶柄长103.0cm；叶心形，叶面平展，叶尖钝尖，叶基心形，叶长63.2cm，叶宽38.0cm。叶柄上部紫红色，中下部绿色；母芋圆球形，芋芽淡红色，芋肉白色，芋肉纤维淡黄色；子芋、孙芋卵圆形，单株子芋8个左右，单株孙芋20个左右；单株产量2000.0g。浙江省3月下旬播种，11月中下旬采收。当地农民认为该品种品质好，子芋较多，产量较高。

【优异特性与利用价值】子芋较多，产量较高，芋肉纤维化程度低，品质好，耐贮性好。主食子芋、孙芋，母芋可作饲料。

【濒危状况及保护措施建议】当地少数农户零星种植，收集困难。建议异位妥善保存，扩大种植面积。

33 凤凰芋艿

P330182004

【学 名】Araceae（天南星科）Colocasia（芋属）Colocasia esculenta（芋）。

【采集地】浙江省杭州市建德市。

【主要特征特性】多子芋，晚熟。株高127.0cm，叶柄长115.0cm；叶卵形，叶面皱褶，叶尖钝尖，叶基箭形，叶长60.3cm，叶宽37.1cm。叶柄上部黄绿色，中下部乌褐色；母芋圆柱形，芋芽白色，芋肉白色，芋肉纤维淡黄色；子芋、孙芋卵圆形，单株子芋13个左右，单株孙芋16个左右；单株产量3300.0g。浙江省3月左右播种，11月前后采收。当地农民认为该品种品质好，子芋较多，产量高。

【优异特性与利用价值】子芋较多，高产，芋肉纤维化程度低，耐贮性好。主食子芋、孙芋，母芋口感稍差，可作饲料。

【濒危状况及保护措施建议】当地少数农户零星种植，收集困难。建议异位妥善保存，扩大种植面积。

34 新市毛芋

P330182017

【学 名】Araceae（天南星科）Colocasia（芋属）Colocasia esculenta（芋）。

【采集地】浙江省杭州市建德市。

【主要特征特性】魁芋，中早熟。株高150.0cm，叶柄长137.0cm；叶卵形，叶面平展，叶尖钝尖，叶基箭形，叶心色斑黄绿色，放射状，叶长63.6cm，叶宽39.9cm。叶柄上部紫红色，中下部乌紫色；母芋圆球形，芋芽黄白色，芋肉白色，芋肉纤维淡黄色；子芋、孙芋卵圆形，单株子芋6个左右，单株孙芋6个左右；单株产量1500.0g。浙江省3月前后播种，10月中下旬可采收。田间表现综合抗性较好，但芋头耐贮性一般。当地农民认为该品种紫秆，品质好，汤浓稠，淀粉含量高。

【优异特性与利用价值】中早熟，品质好。母芋、子芋、孙芋皆可食用，可煮食、烤食，可作饲料。

【濒危状况及保护措施建议】当地少数农户零星种植，收集困难。建议异位妥善保存，扩大种植面积。

35 乌脚茎芋艿
P330281012

【学 名】Araceae（天南星科）Colocasia（芋属）Colocasia esculenta（芋）。
【采集地】浙江省宁波市余姚市。

【主要特征特性】多子芋，中晚熟。株高132.0cm，叶柄长123.0cm；叶箭形，叶面平展，叶尖钝尖，叶基箭形，叶长58.2cm，叶宽31.5cm。叶柄上部紫红色，中下部乌紫色；母芋圆柱形，芋芽白色，芋肉白色，芋肉纤维淡黄色，母芋纵径13.2cm，横径9.4cm，重636.0g；子芋、孙芋卵圆形，子芋纵径7.7cm，横径1.0cm，重约71.6g，单株子芋18个左右；孙芋纵径5.5cm，横径3.6cm，重约38.3g，单株孙芋24个左右；单株产量2200.0g。浙江省3月前后播种，10月中旬可采收。田间表现抗病性一般，耐贮性差。当地农民认为该品种茎基部黑色，芋品质好，子芋比孙芋多，产量较高。

【优异特性与利用价值】子芋较多，产量较高。母芋、子芋、孙芋皆可食用，可作饲料。

【濒危状况及保护措施建议】少数农户零星种植，收集困难。建议异位妥善保存，扩大种植面积。

36 瓯海水芋

P330304022

【学　名】Araceae（天南星科）Colocasia（芋属）Colocasia esculenta（芋）。

【采集地】浙江省温州市瓯海区。

【主要特征特性】多子芋，中早熟。株高113.0cm，叶柄长102.0cm；叶心形，叶面皱褶，叶尖钝尖，叶基心形，叶长54.2cm，叶宽36.5cm。叶柄上部、中下部均为紫红色；母芋圆柱形，芋芽白色，芋肉白色，芋肉纤维淡黄色；子芋、孙芋长卵形，单株子芋9个左右，单株孙芋18个左右；单株产量1000.0g左右。浙江省3月前后播种，10月下旬开始采收。田间表现综合抗病性较好。当地农民认为该品种优质、抗病、抗虫、耐涝、耐贫瘠、水中栽培。

【优异特性与利用价值】抗病性较好，耐涝，耐贮藏。主食子芋、孙芋，母芋可作饲料。

【濒危状况及保护措施建议】少数农户零星种植，收集困难。建议异位妥善保存，扩大种植面积。

37 大门白芋
P330305012

【学 名】Araceae（天南星科）*Colocasia*（芋属）*Colocasia esculenta*（芋）。
【采集地】浙江省温州市洞头县。

【主要特征特性】多子芋，中熟。株高108.0cm，叶柄长96.0cm；叶箭形，叶面皱褶，叶尖锐尖，叶基箭形，叶长54.8cm，叶宽35.7cm。叶柄上部、中下部均为紫红色；母芋圆球形，芋芽白色，芋肉白色，芋肉纤维淡黄色；子芋、孙芋卵圆形，单株子芋15个左右，单株孙芋21个左右；单株产量1900.0g。浙江省3月上旬播种，10月中旬采收。当地农民认为该品种高产、优质、耐盐碱，水生为主，不耐旱，味美。

【优异特性与利用价值】子芋、孙芋较多，产量较高，芋肉纤维化程度低，耐贮性好。母芋、子芋、孙芋皆可食用，可作饲料。

【濒危状况及保护措施建议】当地少数农户零星种植，收集困难。建议异位妥善保存，扩大种植面积。

38 永嘉红花芋

P330324013

【学 名】Araceae（天南星科）Colocasia（芋属）Colocasia esculenta（芋）。
【采集地】浙江省温州市永嘉县。

【主要特征特性】魁芋，中晚熟。株高118.0cm，叶柄长104.0cm；叶卵形，叶面平展，叶尖钝尖，叶基心形，叶长61.3cm，叶宽41.2cm。叶柄上部紫红色，中下部深绿色；母芋倒圆锥形，较长，芋芽紫红色，芋肉白色，芋肉纤维淡黄色；子芋、孙芋卵圆形，单株子芋8个左右，单株孙芋12个左右；单株产量1900.0g。浙江省3月左右播种，10月中上旬可采收。当地农民认为该品种淀粉含量高，产量较高，优质，抗病，抗虫，耐贫瘠。

【优异特性与利用价值】母芋大，产量较高，耐贮性好。母芋、子芋、孙芋皆可食用，可作饲料。

【濒危状况及保护措施建议】当地少数农户零星种植，收集困难。建议异位妥善保存，扩大种植面积。

39 永嘉水芋

P330324028

【学　名】Araceae（天南星科）Colocasia（芋属）Colocasia esculenta（芋）。
【采集地】浙江省温州市永嘉县。

【主要特征特性】魁芋，中早熟。株高108.0cm左右，叶柄长95.0cm左右；叶箭形，叶面皱褶，叶尖钝尖，叶基心形，叶长47.7cm，叶宽32.3cm。叶柄上部、中下部均为紫红色；母芋圆球形，芋芽黄白色，芋肉白色，芋肉纤维淡黄色；子芋、孙芋卵圆形，单株子芋3个左右，单株孙芋5个左右；单株产量900.0g。浙江省3月左右播种，10月上旬采收。当地农民认为该品种品质好，产量一般，喜水。

【优异特性与利用价值】中早熟，芋肉纤维化程度低，耐贮性好。母芋、子芋、孙芋皆可食用，可煮食、烤食，可作饲料。可作为选育早熟品种的育种材料。

【濒危状况及保护措施建议】当地少数农户零星种植，收集困难。建议异位妥善保存，扩大种植面积。

40 满田生

P330328024

【学　名】Araceae（天南星科）Colocasia（芋属）Colocasia esculenta（芋）。

【采集地】浙江省温州市文成县。

【主要特征特性】多子芋，中晚熟。株高145.0cm，叶柄长133.0cm；叶箭形，叶面平展，叶尖锐尖，叶基心形，叶长63.3cm，叶宽39.5cm。叶柄上部紫红色，中下部乌绿色；母芋圆柱形，芋芽紫红色，芋肉白色，芋肉纤维淡黄色；子芋、孙芋棒槌形，单株子芋14个左右，单株孙芋13个左右；单株产量1100.0g。浙江省3月上旬播种，11月上旬开始采收。当地农民认为该品种高产，优质，抗病。

【优异特性与利用价值】抗逆性比较强，耐贮性好。母芋、子芋、孙芋皆可食用，可煮食、烤食，可作饲料。

【濒危状况及保护措施建议】当地少数农户零星种植，收集困难。建议异位妥善保存，扩大种植面积。

41 文成水芋

P330328025

【学　名】Araceae（天南星科）Colocasia（芋属）Colocasia esculenta（芋）。

【采集地】浙江省温州市文成县。

【主要特征特性】魁芋，中熟。株高150.0cm，叶柄长137.0cm；叶卵形，叶面皱褶，叶尖钝尖，叶基心形，叶长67.0cm，叶宽46.6cm。叶柄上部、中下部均为褐红色；母芋圆柱形，芋芽白色，芋肉白色，芋肉纤维淡黄色；子芋、孙芋长卵形，单株子芋9个左右，单株孙芋7个左右；单株产量2800.0g。喜水，不耐旱。浙江省3月左右播种，11月下旬采收。当地农民认为该品种品质好，产量高。

【优异特性与利用价值】产量高，芋肉纤维化程度低，耐贮性好。母芋、子芋、孙芋皆可食用，可煮食、烤食，可作饲料。

【濒危状况及保护措施建议】少数农户零星种植，收集困难。建议异位妥善保存，扩大种植面积。

42 瑞安水芋

P330381009

【学 名】Araceae（天南星科）Colocasia（芋属）Colocasia esculenta（芋）。

【采集地】浙江省温州市瑞安市。

【主要特征特性】魁芋，晚熟。株高130.0cm左右，叶柄长121.0cm左右；叶心形，叶面平展，叶尖钝尖，叶基心形，叶长51.5cm，叶宽37.2cm。叶柄上部、中下部均为褐红色；母芋圆球形，芋芽白色，芋肉白色，芋肉纤维淡黄色；子芋、孙芋卵圆形，单株子芋18个左右，单株孙芋7个左右；单株产量1900.0g。浙江省3～4月播种，11月上旬开始采收。当地农民认为该品种抗病、抗虫、耐寒、耐贫瘠，生长势强，产量较高，品质好。

【优异特性与利用价值】喜水，产量较高，芋肉纤维化程度低，耐贮性好。母芋、子芋、孙芋皆可食用。淀粉含量高，个别地方作粉丝专用，为特色食品。

【濒危状况及保护措施建议】当地少数农户零星种植，收集困难。建议异位妥善保存，扩大种植面积。

43 红嘴毛芋

P330382003

【学　名】Araceae（天南星科）*Colocasia*（芋属）*Colocasia esculenta*（芋）。

【采集地】浙江省温州市乐清市。

【主要特征特性】多子芋，中早熟。株高123.0cm，叶柄长114.0cm；叶心形，叶面皱褶，叶尖钝尖，叶基心形，叶心色斑紫红色，斑点状，叶长59.9cm，叶宽40.4cm。叶柄上部紫红色，中下部绿色；母芋圆球形，芋芽黄白色，芋肉白色，芋肉纤维淡黄色；子芋、孙芋卵圆形，单株子芋9个左右，单株孙芋13个左右；单株产量1200.0g。当地农民认为该品种高产，优质，抗旱，耐热。

【优异特性与利用价值】品质好，芋肉纤维化程度低，耐贮性好。母芋、子芋、孙芋皆可食用，可煮食、炒食、蒸食等，可作饲料。

【濒危状况及保护措施建议】少数农户零星种植，收集困难。建议异位妥善保存，扩大种植面积。

44 红秆芋

P330482023

【学　名】Araceae（天南星科）*Colocasia*（芋属）*Colocasia esculenta*（芋）。

【采集地】浙江省嘉兴市平湖市。

【主要特征特性】多子芋，中熟。株高105.0cm，叶柄长96.0cm；叶心形，叶面平展，叶尖钝尖，叶基心形，叶心色斑淡黄色，叶长54.6cm，叶宽39.4cm。叶柄上部紫红色，中下部绿色；母芋圆球形，芋芽淡红色，芋肉白色，芋肉纤维淡黄色；子芋、孙芋倒圆锥形，单株子芋12个左右，单株孙芋10个左右；单株产量1100.0g。浙江省4月中旬播种，10月中旬采收。当地农民认为该品种优质，易煮烂，口感好。

【优异特性与利用价值】子芋、孙芋较多，芋肉纤维化程度低，易煮烂，口感好。主食子芋、孙芋，母芋口感稍差，可作饲料。

【濒危状况及保护措施建议】当地少数农户零星种植，收集困难。建议异位妥善保存，扩大种植面积。

45 白秆芋
P330482024

【学　名】Araceae（天南星科）Colocasia（芋属）Colocasia esculenta（芋）。
【采集地】浙江省嘉兴市平湖市。

【主要特征特性】多子芋，中熟。株高136.0cm，叶柄长125.0cm；叶心形，叶面平展，叶尖钝尖，叶基心形，叶长63.5cm，叶宽46.6cm。叶柄上部紫红色，中下部绿色；母芋圆球形，芋芽白色，芋肉白色，芋肉纤维淡黄色；子芋、孙芋倒圆锥形或长卵形，表面光滑，单株子芋19个左右，单株孙芋32个左右；单株产量2400.0g。浙江省3月左右播种，10月中旬开始采收。当地农民认为该品种产量较高，酥而不烂、腻滑，品质好。

【优异特性与利用价值】子芋较多，产量较高，品质好。主食子芋、孙芋，母芋口感稍差，可作饲料。

【濒危状况及保护措施建议】当地少数农户零星种植，收集困难。建议异位妥善保存，扩大种植面积。

46 白秆芋艿

P330483026

【学 名】Araceae（天南星科）Colocasia（芋属）Colocasia esculenta（芋）。

【采集地】浙江省嘉兴市桐乡市。

【主要特征特性】多子芋，中熟。株高133.0cm，叶柄长122.0cm；叶心形，叶面皱褶，叶尖钝尖，叶基心形，叶长62.5cm，叶宽38.5cm。叶柄上部淡紫红色，中下部黄绿色，叶鞘边缘有黑褐色长斑；母芋圆球形，芋芽淡红色，芋肉白色，芋肉纤维淡黄色；子芋、孙芋卵圆形，单株子芋10个左右，单株孙芋10个左右；单株产量1400.0g。浙江省3月前后播种，11月上旬采收。当地农民认为该品种品质好，产量中等。

【优异特性与利用价值】商品性好，口感好。主食子芋、孙芋，母芋口感稍差，可作饲料。

【濒危状况及保护措施建议】当地少数农户零星种植，收集困难。建议异位妥善保存，扩大种植面积。

47 德清毛芋艿

P330521025

【学　名】Araceae（天南星科）Colocasia（芋属）Colocasia esculenta（芋）。

【采集地】浙江省湖州市德清县。

【主要特征特性】魁芋，中熟。株高112.0cm，叶柄长98.0cm；叶色深绿，叶卵形，叶面皱褶，叶尖钝尖，叶基心形，叶长49.7cm，叶宽36.5cm。叶柄上部浅紫红色，中下部褐绿色；母芋圆球形，芋芽淡红色，芋肉白色，芋肉纤维淡黄色；子芋、孙芋卵圆形，单株子芋4个左右，单株孙芋5个左右；单株产量1200.0g。田间表现中抗疫病、炭疽病。浙江省3月前后播种，10月下旬采收。当地农民认为该品种抗病性强，品质好。

【优异特性与利用价值】中抗疫病、炭疽病，可作为抗性育种材料。母芋、子芋、孙芋皆可食用，可作饲料。

【濒危状况及保护措施建议】当地少数农户零星种植，收集困难。建议异位妥善保存，扩大种植面积。

48 紫秆毛芋艿

P330523008

【学　名】Araceae（天南星科）*Colocasia*（芋属）*Colocasia esculenta*（芋）。

【采集地】浙江省湖州市安吉县。

【主要特征特性】多子芋，中熟。株高100.0cm，叶柄长92.0cm；叶卵形，叶面皱褶，叶尖钝尖，叶基箭形，叶长53.2cm，叶宽43.0cm。叶柄上部绿色，中下部乌紫色；母芋圆柱形，芋芽紫红色，芋肉白色，芋肉纤维白色；子芋、孙芋卵圆形，单株子芋15个左右，单株孙芋16个左右；单株产量1700.0g。田间表现中抗疫病、炭疽病。浙江省3月前后播种，10月中下旬开始采收。当地农民认为该品种优质、抗病。

【优异特性与利用价值】子芋较多，产量较高，芋肉纤维化程度低，耐贮性好。主食子芋、孙芋，母芋可作饲料。

【濒危状况及保护措施建议】当地少数农户零星种植，收集困难。建议异位妥善保存，扩大种植面积。

49 青秆芋艿

P330523020

【学　名】Araceae（天南星科）Colocasia（芋属）Colocasia esculenta（芋）。

【采集地】浙江省湖州市安吉县。

【主要特征特性】多子芋，中熟。株高112.0cm，叶柄长98.0cm；叶心形，叶面平展，叶尖钝尖，叶基心形，叶长58.1cm，叶宽45.2cm。叶柄上部紫红色，中下部深绿色；母芋圆球形，芋芽黄白色，芋肉白色，芋肉纤维淡黄色；子芋、孙芋长卵形，表面较光滑，单株子芋26个左右，单株孙芋29个左右；单株产量2700.0g。浙江省3月左右播种，10月中旬采收。当地农民认为该品种高产、优质、抗病、抗虫、耐涝。

【优异特性与利用价值】子芋、孙芋较多，产量高，芋肉纤维化程度低，耐贮性好。主食子芋、孙芋，母芋口感稍差，可作饲料。

【濒危状况及保护措施建议】当地少数农户零星种植，收集困难。建议异位妥善保存，扩大种植面积。

50 荷花芋

P330726027

【学　名】Araceae（天南星科）Colocasia（芋属）Colocasia esculenta（芋）。

【采集地】浙江省金华市浦江县。

【主要特征特性】多子芋，中晚熟。株高132.0cm，叶柄长119.0cm；叶卵形，叶面皱褶，叶尖钝尖，叶基心形，叶长55.6cm，叶宽39.1cm。叶柄上部紫红色，中下部绿色；母芋圆柱形，芋芽黄白色，芋肉白色，芋肉纤维淡黄色；子芋、孙芋卵圆形，单株子芋13个左右，单株孙芋11个左右；单株产量1100.0g。浙江省3月播种，11月上旬采收。当地农民认为该品种为传统农家品种，是红芋种的一个品种，个小，产量较低，品质好，口感更粉。

【优异特性与利用价值】子芋、孙芋较多，品质好。主食子芋、孙芋，可煮食、炒食，母芋可作饲料。

【濒危状况及保护措施建议】少数农户零星种植，收集困难。建议异位妥善保存，扩大种植面积。

51 花桥切芋

P330726028

【学 名】Araceae（天南星科）Colocasia（芋属）Colocasia esculenta（芋）。

【采集地】浙江省金华市浦江县。

【主要特征特性】多头芋，中熟。株高126.0cm，叶柄长113.0cm；叶卵形，叶面平展，叶尖锐尖，叶基心形，叶长40.7cm，叶宽25.9cm。叶柄上部紫红色，中下部深绿色；母芋、子芋连在一起，不易分开。母芋平且多头，芋芽淡红色，芋肉紫红色，芋肉纤维白色；子芋、孙芋圆球形；单株产量1000.0g。浙江省3月前后播种，10月中旬采收。当地农民认为该品种为切块播种，故名"切芋"；淀粉含量高，质粉，品质好；霜降时在稻草覆盖的田间越冬较好。

【优异特性与利用价值】多头芋品种，中抗炭疽病。母芋、子芋、孙芋皆可食用，可作饲料。

【濒危状况及保护措施建议】当地少数农户零星种植，收集困难。建议异位妥善保存，扩大种植面积。

52 土紫芋

P330726029

【学　名】Araceae（天南星科）Colocasia（芋属）Colocasia esculenta（芋）。
【采集地】浙江省金华市浦江县。

【主要特征特性】多子芋，中熟。株高128.0cm，叶柄长115.0cm；叶卵形，叶面平展，叶心无色斑，叶尖钝尖，叶基箭形，叶长52.5cm，叶宽34.3cm。叶柄上部黄绿色，中下部紫黑色；母芋圆球形，芋芽白色，芋肉白色，芋肉纤维淡黄色；子芋、孙芋卵圆形，单株子芋16个左右，单株孙芋24个左右；单株产量3300.0g。浙江省4月上旬播种，11月上旬采收。当地农民认为该品种为传统农家品种，秆紫色，优质，高产。

【优异特性与利用价值】子芋、孙芋较多，产量高，优质。主食子芋、孙芋，母芋可作饲料。

【濒危状况及保护措施建议】当地少数农户零星种植，收集困难。建议异位妥善保存，扩大种植面积。

53 东阳红花芋

P330783018

【学 名】Araceae（天南星科）*Colocasia*（芋属）*Colocasia esculenta*（芋）。

【采集地】浙江省金华市东阳市。

【主要特征特性】多子芋，早熟。株高110.0cm，叶柄长98.0cm；叶卵形，叶面皱褶，叶尖钝尖，叶基心形，叶长48.5cm，叶宽31.0cm。叶柄上部紫红色，中下部深绿色；母芋圆柱形，芋芽淡红色，芋肉白色，芋肉纤维淡黄色；子芋、孙芋长卵形，单株子芋13个左右，单株孙芋10个左右；单株产量1200.0g。浙江省3月上旬播种，9月中上旬采收。当地农民认为该品种优质，抗病，抗虫，广适。

【优异特性与利用价值】早熟，子芋较多，芋肉纤维化程度低，耐贮性好。主食子芋、孙芋，母芋口感稍差，可作饲料。

【濒危状况及保护措施建议】当地少数农户零星种植，收集困难。建议异位妥善保存，扩大种植面积。

54 东阳白花芋

P330783019

【学　名】Araceae（天南星科）Colocasia（芋属）Colocasia esculenta（芋）。

【采集地】浙江省金华市东阳市。

【主要特征特性】多子芋，中晚熟。株高120.0cm，叶柄长107.0cm；叶心形，叶面皱褶，叶心色斑紫红色，斑点状，叶尖钝尖，叶基心形，叶长52.5cm，叶宽37.4cm。叶柄上部紫红色，中下部绿色；母芋圆柱形，芋芽淡红色，芋肉白色，芋肉纤维淡黄色；子芋、孙芋卵圆形，单株子芋13个左右，单株孙芋8个左右；单株产量1800.0g。浙江省3月播种，9月中上旬采收。当地农民认为该品种品质好，子芋较大，抗虫，广适。

【优异特性与利用价值】产量较高，子芋较大，耐贮性好。主食子芋、孙芋，可煮食、烤食，母芋可作饲料。

【濒危状况及保护措施建议】当地少数农户零星种植，收集困难。建议异位妥善保存，扩大种植面积。

55 六月芋

P330783026

【学 名】Araceae（天南星科）Colocasia（芋属）Colocasia esculenta（芋）。

【采集地】浙江省金华市东阳市。

【主要特征特性】多子芋，早熟。株高 133.0cm，叶柄长 123.0cm；叶心形，叶面平展，叶心色斑黄绿色，呈散射状，叶尖钝尖，叶基箭形，叶长 56.4cm，叶宽 38.0cm。叶柄上部紫红色，中下部紫黑色；母芋圆球形，芋芽白色，芋肉白色，芋肉纤维淡黄色；子芋、孙芋卵圆形，单株子芋 9 个左右，单株孙芋 8 个左右；单株产量 1100.0g。浙江省 3 月播种，8 月中上旬开始采收。当地农民认为该品种优质，抗病，耐寒。

【优异特性与利用价值】早熟、优质、口感滑糯。主食子芋、孙芋，母芋口感稍差，可作饲料。

【濒危状况及保护措施建议】当地少数农户零星种植，收集困难。建议异位妥善保存，扩大种植面积。

56 东阳芋头

P330783027

【学　名】Araceae（天南星科）*Colocasia*（芋属）*Colocasia esculenta*（芋）。
【采集地】浙江省金华市东阳市。

【主要特征特性】魁芋，中熟。株高125.0cm，叶柄长115.0cm；叶卵形，叶面平展，叶尖钝尖，叶基心形，叶长59.1cm，叶宽38.6cm。叶柄上部紫红色，中下部黄绿色；母芋椭圆形，芋芽黄白色，芋肉白色，芋肉纤维紫色；子芋、孙芋棒槌形，单株子芋约6个，单株孙芋2个；单株产量1000.0g。浙江省3月左右播种，9月中下旬采收。当地农民认为该品种品质较好，抗病，广适，抗虫。

【优异特性与利用价值】品质较好，芋肉纤维化程度低，耐贮性好。主食母芋，子芋、孙芋亦可食用，可作饲料。

【濒危状况及保护措施建议】当地少数农户零星种植，收集困难。建议异位妥善保存，扩大种植面积。

57 永康切芋

P330784021

【学 名】Araceae（天南星科）Colocasia（芋属）Colocasia esculenta（芋）。
【采集地】浙江省金华市永康市。

【主要特征特性】多头芋，中熟。株高107.0cm，叶柄长96.0cm；叶箭形，叶面平展，叶尖锐尖，叶基箭形，叶长44.1cm，叶宽26.6cm。叶柄上部与中下部均为紫红色；球茎分蘖丛生，母芋与子芋、孙芋无明显差别，紧密重叠在一起，芋芽淡红色，芋肉白色，芋肉纤维淡黄色；子芋、孙芋卵圆形，母芋、子芋不易分开；单株产量1900.0g。浙江省3月上旬播种，10月下旬采收。当地农民认为该品种品质较好，产量较高。

【优异特性与利用价值】多头芋，产量较高，品质较好。母芋、子芋、孙芋皆可食用，可作饲料。

【濒危状况及保护措施建议】当地少数农户零星种植，收集困难。建议异位妥善保存，扩大种植面积。

58 鸡窝芋

P330784028

【学 名】Araceae（天南星科）Colocasia（芋属）Colocasia esculenta（芋）。

【采集地】浙江省金华市永康市。

【主要特征特性】多子芋，早熟。株高138.0cm，叶柄长127.0cm；叶卵形，叶面平展，叶心色斑黄绿色，放射状，叶尖钝尖，叶基箭形，叶长59.3cm，叶宽37.3cm。叶柄上部绿色，中下部褐紫色；母芋圆柱形，芋芽白色，芋肉白色，芋肉纤维淡黄色；子芋、孙芋卵圆形，单株子芋12个左右，单株孙芋9个左右；单株产量2500.0g。浙江省3月上旬播种，9月上旬采收。当地农民认为该品种品质好，子芋较多，产量较高，耐涝。

【优异特性与利用价值】早熟品种，子芋较多，产量较高。母芋、子芋、孙芋皆可食用，母芋口感稍差，可作饲料。

【濒危状况及保护措施建议】当地少数农户零星种植，收集困难。建议异位妥善保存，扩大种植面积。

59 龙游白芋

P330825021

【学　名】Araceae（天南星科）Colocasia（芋属）Colocasia esculenta（芋）。

【采集地】浙江省衢州市龙游县。

【主要特征特性】多子芋，早熟。株高130.0cm，叶柄长118.0cm；叶心形，叶面皱褶，叶尖钝尖，叶基心形，叶长65.4cm，叶宽35.0cm。叶柄上部淡绿色，中下部紫褐色；母芋圆球形，芋芽白色，芋肉白色，芋肉纤维淡黄色；子芋、孙芋卵圆形，单株子芋8个左右，单株孙芋16个左右；单株产量1100.0g。田间表现易感疫病、炭疽病，耐贮性一般。浙江省3月前后播种，9月下旬采收。当地农民认为该品种早熟，品质较好，产量不高。

【优异特性与利用价值】早熟，品质较好。母芋、子芋、孙芋皆可食用，可作饲料。

【濒危状况及保护措施建议】当地少数农户零星种植，收集困难。建议异位妥善保存，扩大种植面积。

60 嵊泗芋芤

P330900019

【学　名】Araceae（天南星科）*Colocasia*（芋属）*Colocasia esculenta*（芋）。

【采集地】浙江省舟山市嵊泗县。

【主要特征特性】多子芋，中早熟。株高120.0cm，叶柄长105.0cm；叶卵形，叶面平展，叶心色斑紫红色，斑点状，叶尖钝尖，叶基箭形，叶长53.7cm，叶宽36.7cm。叶柄上部紫红色，中下部绿色；母芋圆球形，芋芽黄白色，芋肉黄色，芋肉纤维淡黄色；子芋、孙芋卵圆形，单株子芋10个左右，单株孙芋21个左右；单株产量1300.0g。浙江省3月上旬播种，10月上旬采收。当地农民认为该品种品质好，口感软糯，广适。

【优异特性与利用价值】中早熟，口感软糯。主食子芋、孙芋，母芋口感稍差，可作饲料。

【濒危状况及保护措施建议】当地少数农户零星种植，收集困难。建议异位妥善保存，扩大种植面积。

61 紫芋

P331003008

【学　名】Araceae（天南星科）Colocasia（芋属）Colocasia esculenta（芋）。

【采集地】浙江省台州市黄岩区。

【主要特征特性】魁芋，中熟。株高127.0cm，叶柄长112.0cm；叶心形，叶面皱褶，叶心色斑黄绿色，放射状分布，叶尖钝尖，叶基心形，叶长51.0cm，叶宽38.2cm。叶柄上部淡紫红色，中部绿色，下部乌紫色；母芋圆球形，芋芽紫红色，芋肉白色，芋肉纤维淡黄色；子芋、孙芋卵圆形，单株子芋8个左右，单株孙芋5个左右；单株产量1000.0～1500.0g。浙江省3月前后播种，10月中下旬采收。当地农民认为该品种优质，抗病，抗虫。

【优异特性与利用价值】中熟，口感软糯。母芋、子芋、孙芋皆可食用，可作饲料。

【濒危状况及保护措施建议】当地少数农户零星种植，收集困难。建议异位妥善保存，扩大种植面积。

62 乌秆白芋艿

P331022001

【学　名】Araceae（天南星科）*Colocasia*（芋属）*Colocasia esculenta*（芋）。
【采集地】浙江省台州市三门县。

【主要特征特性】多子芋，早熟。株高128.0cm，叶柄长115.0cm；叶卵形，叶面皱褶，叶尖钝尖，叶基箭形，叶长61.2cm，叶宽33.4cm。叶柄上部紫红色，中下部紫褐色；母芋圆柱形，芋芽白色，芋肉白色，芋肉纤维淡黄色；子芋、孙芋卵圆形，单株子芋18个左右，单株孙芋17个左右；单株产量2100.0g。浙江省2～3月播种，9月中旬采收。当地农民认为该品种叶柄紫褐色、芋肉白色，品质优，子芋多，产量高。

【优异特性与利用价值】早熟，子芋、孙芋多，产量高，口感滑糯。主食子芋、孙芋，母芋口感差，可作饲料。

【濒危状况及保护措施建议】浙江省首批保护名录品种之一。当地农户零星种植，建议异位妥善保存，扩大种植面积。

63 乌秆芋

P331023021

【学　名】Araceae（天南星科）Colocasia（芋属）Colocasia esculenta（芋）。
【采集地】浙江省台州市天台县。

【主要特征特性】多子芋，中早熟。株高126.0cm，叶柄长117.0cm；叶箭形，叶面平展，叶尖锐尖，叶基箭形，叶长63.4cm，叶宽31.6cm。叶柄上部紫色，中下部紫黑色；母芋圆柱形，芋芽白色，芋肉白色，芋肉纤维淡黄色；子芋、孙芋卵圆形，单株子芋20个左右，单株孙芋19个左右；单株产量2800.0g。4月中上旬均可播种，9月至10月中上旬采收。当地农民认为该品种品质好，子芋较多，产量较高。

【优异特性与利用价值】子芋较多，产量较高，品质好。主食子芋、孙芋，可作饲料。

【濒危状况及保护措施建议】当地少数农户零星种植，收集困难。建议异位妥善保存，扩大种植面积。

64 仙居乌秆旱芋
P331024007

【学　名】Araceae（天南星科）Colocasia（芋属）Colocasia esculenta（芋）。
【采集地】浙江省台州市仙居县。

【主要特征特性】多子芋，早熟。株高138.0cm，叶柄长127.0cm；叶卵形，叶面平展，叶尖钝尖，叶基箭形，叶长59.3cm，叶宽37.3cm。叶柄上部紫红色，中下部乌紫色；母芋圆球形，芋芽白色，芋肉白色，芋肉纤维淡黄色；子芋、孙芋卵圆形，芋芽淡红色，单株子芋12个左右，单株孙芋9个左右；单株产量2500.0g。浙江省3月左右播种，9月下旬开始采收。当地农民认为该品种品质好，子芋多，产量高。

【优异特性与利用价值】早熟，高产。主食子芋、孙芋，母芋口感稍差，可作饲料。

【濒危状况及保护措施建议】当地少数农户零星种植，收集困难。建议异位妥善保存，扩大种植面积。

65 早黄芋

P331081013

【学　名】Araceae（天南星科）Colocasia（芋属）Colocasia esculenta（芋）。

【采集地】浙江省台州市温岭市。

【主要特征特性】多子芋，早熟。株高122.0cm，叶柄长110.0cm；叶卵形，叶面平展，叶尖钝尖，叶基箭形，叶长52.7cm，叶宽30.7cm。叶柄上部紫红色，中下部紫黑色；母芋圆柱形，芋芽白色，芋肉白色，芋肉纤维淡黄色；子芋、孙芋卵圆形，单株子芋15个左右，单株孙芋10个左右；单株产量1200.0g。当地农民认为该品种生育期短，成熟特早，农历七月半即可上市；母芋品质不佳，子芋、孙芋不仅数量多，而且口感好。

【优异特性与利用价值】早熟。主食子芋、孙芋，母芋口感稍差，可作饲料。

【濒危状况及保护措施建议】当地少数农户零星种植，收集困难。建议异位妥善保存，扩大种植面积。

第二节　山药类种质资源

1 苍南山药
2017335044

【学　名】Dioscoreaceae（薯蓣科）Dioscorea（薯蓣属）Dioscorea polystachya（薯蓣）。
【采集地】浙江省温州市苍南县。

【主要特征特性】地上茎匍匐型，叶密度中等，茎蔓逆时针缠绕，绿色，横断面四棱形，节间长12.6cm；幼苗黄绿色；成株叶剑形，黄绿色，全缘，叶长11.3cm，叶宽7.0cm；叶柄浅绿色；无零余子；地下块茎短圆柱状，纵径27.0cm，横径5.9cm，表皮光滑，呈褐色，根毛少，肉质致密，肉质黄白色，黏度一般。单株块茎重1000.0~1500.0g。浙江省3月中上旬育苗，10月中旬后可采收，亩产3000.0kg。田间表现中抗炭疽病。当地农民认为该品种产量高，较抗病。

【优异特性与利用价值】中抗炭疽病，耐热，抗虫，抗旱。食用器官为块茎，熟食。可作为山药育种材料。

【濒危状况及保护措施建议】当地少数农户零星种植，分布范围较窄，收集困难。建议异位妥善保存。

2 景宁紫山药

2018332106

【学 名】Dioscoreaceae（薯蓣科）Dioscorea（薯蓣属）Dioscorea polystachya（薯蓣）。

【采集地】浙江省丽水市景宁畲族自治县。

【主要特征特性】地上茎匍匐型，叶密度中等，茎蔓逆时针缠绕，绿色，横断面四棱形，节间长21.4cm；幼苗紫红色；成株叶剑形，灰绿色，全缘，叶长17.8cm，叶宽9.5cm；叶柄绿色，基部紫色；无零余子；地下块茎不规则状，纵径24.6cm，横径10.4cm，表皮多皱，呈褐色，根毛多，块茎较硬，肉质浅紫色，黏度中等。单株块茎重1000.0～1500.0g。浙江省5月中上旬育苗，10～11月可采收，亩产1500.0kg左右。田间表现中抗炭疽病。当地农民认为该品种品质好，产量高，抗病性强。

【优异特性与利用价值】中抗炭疽病，耐热，抗虫，抗旱。食用器官为块茎，熟食。可作为山药育种材料。

【濒危状况及保护措施建议】当地少数农户零星种植，分布范围较窄，收集困难。建议异位妥善保存。

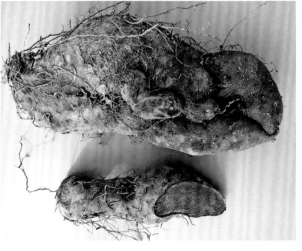

3 庆元白山药

P331126016

【学 名】Dioscoreaceae（薯蓣科）Dioscorea（薯蓣属）Dioscorea polystachya（薯蓣）。

【采集地】浙江省丽水市庆元县。

【主要特征特性】地上茎匍匐型，叶密度低，茎蔓逆时针缠绕，绿色，横断面四棱形，节间长8.7cm；幼苗绿色；成株叶心形，黄绿色，全缘，叶长13.1cm，叶宽9.0cm；叶柄浅绿色；无零余子；地下块茎不规则状，易分叉，纵径17.9cm，横径7.4cm，表皮较光滑，呈浅褐色，根毛少，块茎松软，肉质黄白色，黏度中等。单株块茎重300.0～500.0g。浙江省3月中上旬育苗，10月中旬后可采收。田间表现易感炭疽病、病毒病等。

【优异特性与利用价值】耐热，抗虫，抗旱。食用器官为块茎，熟食，口感较好。可作为山药育种材料。

【濒危状况及保护措施建议】当地少数农户零星种植，分布范围较窄，存在灭绝风险，且收集困难。建议异位妥善保存。

4 开化大薯
2018332434

【学　名】Dioscoreaceae（薯蓣科）Dioscorea（薯蓣属）Dioscorea polystachya（薯蓣）。
【采集地】浙江省衢州市开化县。

【主要特征特性】地上茎匍匐型，叶密度低，茎蔓逆时针缠绕，绿色，横断面圆形，节间长15.4cm；幼苗褐绿色；成株叶剑形，绿色，全缘，叶长12.6cm，叶宽7.3cm；叶柄浅绿色；无零余子；地下块茎扁平状，多分枝，纵径18.3cm，横径9.6cm，表皮有少皱，呈褐色，根毛少，肉质致密，块茎脆滑，肉质乳白色，黏度中等。浙江省4月中上旬育苗，10月中旬后可采收，亩产约1500.0kg。田间表现易感病毒病。当地农民认为该品种口感好，甜、脆。

【优异特性与利用价值】上市较早，口感好。食用器官为块茎，熟食，可炒食、做汤、晒干。可作为山药育种材料。

【濒危状况及保护措施建议】当地少数农户零星种植，分布范围较窄，收集困难。建议异位妥善保存。

5 大洲土山药

2018333211

【学 名】Dioscoreaceae（薯蓣科）Dioscorea（薯蓣属）Dioscorea polystachya（薯蓣）。
【采集地】浙江省衢州市衢江区。

【主要特征特性】地上茎匍匐型，叶密度低，茎蔓逆时针缠绕，绿色，横断面四棱形，节间长8.0cm；幼苗绿褐色；成株叶剑形，黄绿色，全缘，叶长9.3cm，叶宽7.5cm；叶柄绿色，基部紫色；无零余子；地下块茎掌状或扁平状，纵径10.2cm，横径6.1cm，表皮多皱，呈浅褐色，根毛少，块茎较硬，肉质乳白色，黏度中等。单株块茎重600.0g左右。浙江省4月中上旬育苗，10月中旬后可采收。田间表现中抗炭疽病。

【优异特性与利用价值】品质优。食用器官为块茎，熟食。可作为山药育种材料。

【濒危状况及保护措施建议】当地少数农户零星种植，分布范围较窄，收集困难。建议异位妥善保存。

6 蛇药

2018333259

【学 名】Dioscoreaceae（薯蓣科）Dioscorea（薯蓣属）Dioscorea polystachya（薯蓣）。

【采集地】浙江省衢州市衢江区。

【主要特征特性】地上茎匍匐型，叶密度中等，茎蔓逆时针缠绕，绿色，横断面四棱形，节间长11.0cm；幼苗紫红色；成株叶剑形，灰绿色，全缘，叶长17.6cm，叶宽9.7cm；叶柄绿色，基部紫色；无零余子；地下块茎长卵形，纵径20.3cm，横径9.7cm，表皮多皱，呈褐色，根毛少，块茎较硬，肉质白紫色，黏度中等。单株块茎重900.0～1200.0g。浙江省4月中上旬育苗，10月中旬后可采收。田间表现高感炭疽病。当地农民认为该品种品质较好，可药用。

【优异特性与利用价值】品质较好。食用器官为块茎，药食两用。可作为山药育种材料。

【濒危状况及保护措施建议】当地少数农户零星种植，分布范围窄，面积少，收集困难。建议异位妥善保存。

7 陶山山药

2018335202

【学　名】Dioscoreaceae（薯蓣科）Dioscorea（薯蓣属）Dioscorea polystachya（薯蓣）。
【采集地】浙江省温州市瑞安市。

【主要特征特性】地上茎匍匐型，叶密度低，茎蔓逆时针缠绕，紫绿色，横断面圆形；幼苗红褐色；成株叶戟形，深绿色，全缘，叶长8.7cm，叶宽4.4cm；叶柄绿色，基部紫色；有零余子，不规则状；地下块茎圆柱形，纵径60.6cm，横径5.7cm，表皮光滑，呈浅褐色，根毛少，块茎致密，肉质白色，黏度中等。单株块茎重600.0～1200.0g。田间表现中抗炭疽病。浙江省4月中上旬育苗，9～11月收获，亩产1500.0kg。当地农民认为该品种可药用，具有健胃作用，口感松脆。

【优异特性与利用价值】中抗炭疽病，品质好，口感松脆，耐热。食用器官为块茎，药食两用，可炒菜、煲汤。可作为山药育种材料。

【濒危状况及保护措施建议】当地少数农户零星种植，分布范围较窄，收集困难。建议异位妥善保存。

8 瑞安糯米山药

2018335225

【学　名】Dioscoreaceae（薯蓣科）Dioscorea（薯蓣属）Dioscorea polystachya（薯蓣）。

【采集地】浙江省温州市瑞安市。

【主要特征特性】地上茎匍匐型，叶密度中等，茎蔓逆时针缠绕，绿色，横断面四棱形，节间长10.9cm；幼苗绿色；成株叶心形，深绿色，全缘，叶长18.7cm，叶宽9.4cm；叶柄浅绿色；无零余子；地下块茎短棒状，纵径28.1cm，横径8.3cm，表皮多皱，呈褐色，根毛少，块茎较硬，肉质黄白色，黏度中等，糯性。单株块茎重500.0～800.0g。田间表现中抗炭疽病。浙江省4月中上旬育苗，11月中旬后可采收，亩产3000.0kg左右。当地农民认为该品种块茎肉质黄白色，糯性高。

【优异特性与利用价值】糯性高，中抗炭疽病。食用器官为块茎，熟食。可作为山药育种材料。

【濒危状况及保护措施建议】分布范围较窄，但知名度较高。主要由当地农户零星种植，存在灭绝风险，建议异位妥善保存。

9 佛掌山药

P330111052

【学　名】Dioscoreaceae（薯蓣科）Dioscorea（薯蓣属）Dioscorea polystachya（薯蓣）。

【采集地】浙江省杭州市富阳市。

【主要特征特性】地上茎匍匐型，叶密度低，茎蔓逆时针缠绕，紫绿色，横断面圆形，节间长10.6cm；幼苗绿色；成株叶心形，绿色，全缘，叶长8.9cm，叶宽6.9cm；叶柄绿色，基部紫色；无零余子；地下块茎脚状或不规则状，多分枝，纵径19.1cm，横径6.4cm，表皮光滑，上部黑色，中下部米白色，根毛少，块茎较硬，肉质乳白色，黏度中等。单株块茎重1000.0～2000.0g。高感炭疽病。浙江省4月中上旬育苗，11月中旬后可采收。当地农民认为该品种去皮后不易氧化变色，黏液多，质粉，带甜味。

【优异特性与利用价值】口感较好，耐热，抗虫，抗旱。食用器官为块茎，药食两用。可作为山药育种材料。

【濒危状况及保护措施建议】当地少数农户零星种植，分布范围较窄，收集困难。建议异位妥善保存。

10 脚板芋

P330127084

【学 名】Dioscoreaceae（薯蓣科）*Dioscorea*（薯蓣属）*Dioscorea polystachya*（薯蓣）。

【采集地】浙江省杭州市淳安县。

【主要特征特性】地上茎匍匐型，叶密度中等，茎蔓逆时针缠绕，绿色，横断面多棱形，节间长17.8cm；幼苗黄绿色；成株叶剑形，灰绿色，全缘，叶长13.5cm，叶宽10.5cm；叶柄绿色，基部稍紫色；无零余子；地下块茎不规则状，多分枝，纵径19.0cm，横径12.4cm，表皮光滑，呈灰色，根毛较少，多分布于块茎上部，肉质白色、致密，黏度中等。单株块茎重1000.0～1500.0g。田间表现高感炭疽病。浙江省3月下旬育苗，11月中旬后可采收。当地农民认为该品种优质，有黏液，外皮薄，去外皮时部分人会有过敏现象。

【优异特性与利用价值】口感好。食用器官为块茎，熟食。可作为山药育种材料。

【濒危状况及保护措施建议】当地少数农户零星种植，分布范围较窄，收集困难。建议异位妥善保存。

11 上潘山药

P330304021

【学　名】Dioscoreaceae（薯蓣科）Dioscorea（薯蓣属）Dioscorea polystachya（薯蓣）。
【采集地】浙江省温州市瓯海区。

【主要特征特性】地上茎匍匐型，叶密度高，茎蔓逆时针缠绕，紫绿色，横断面圆形，节间长16.1cm；幼苗红褐色；成株叶心形，深绿色，全缘，叶长13.9cm，叶宽6.8cm；叶柄绿色，基部紫红色；有零余子，不规则状；地下块茎长棒形或不规则状，易分叉，纵径62.5cm，横径5.1cm，表皮较光滑，呈浅褐色，根毛少，块茎松软，肉质致密、白色，黏度中等。单株块茎重800.0～1500.0g。抗炭疽病。浙江省3月中上旬育苗，10月上旬后可采收。当地农民认为该品种高产、优质、抗病、抗虫、抗旱、广适、耐热、耐贫瘠等。

【优异特性与利用价值】抗炭疽病，耐热，抗虫，抗旱，广适等。长势旺，产量较高。食用器官为块茎，熟食。可作为山药育种材料。

【濒危状况及保护措施建议】当地少数农户零星种植，分布范围较窄，收集困难。建议异位妥善保存。

12 罗胜山药

P330304023

【学　名】Dioscoreaceae（薯蓣科）Dioscorea（薯蓣属）Dioscorea polystachya（薯蓣）。

【采集地】浙江省温州市瓯海区。

【主要特征特性】地上茎匍匐型，叶密度高，茎蔓逆时针缠绕，紫绿色，横断面圆形，节间长 16.4cm；幼苗红褐色；成株叶心形，深绿色，全缘，叶长 16.1cm，叶宽 7.8cm；叶柄绿色，基部紫色；有零余子，不规则状；地下块茎不规则状，易分叉，纵径 37.2cm，横径 7.3cm，表皮多皱，呈灰色，根毛中等，多分布于块茎上部，块茎硬度一般，肉质黄白色，黏度中等。单株块茎重 300.0～600.0g。田间表现抗炭疽病。浙江省 3 月中上旬播种，10 月下旬开始采收。当地农民认为该品种产量高，较抗病，抗虫，抗旱，耐热。

【优异特性与利用价值】抗炭疽病，抗虫，耐热。食用器官为块茎，熟食。可作为山药育种材料。

【濒危状况及保护措施建议】当地农户零星种植，分布范围较窄，存在灭绝风险。建议异位妥善保存。

13 岭北白山药

P330324002

【学　名】Dioscoreaceae（薯蓣科）Dioscorea（薯蓣属）Dioscorea polystachya（薯蓣）。
【采集地】浙江省温州市永嘉县。

【主要特征特性】地上茎匍匐型，叶密度高，茎蔓逆时针缠绕，绿色，横断面四棱形，节间长14.9cm；幼苗黄绿色；成株叶心形，黄绿色，全缘，叶长21.8cm，叶宽11.4cm；叶柄浅绿色；无零余子；地下块茎长卵形，纵径19.4cm，横径9.0cm，表皮多皱，呈褐色，根毛少，肉质致密、白色，黏度较强。单株块茎重500.0~800.0g。浙江省3月中上旬育苗，10月下旬后可采收。田间表现抗炭疽病。当地农民认为该品种品质优，较抗病。

【优异特性与利用价值】口感较好，品质优。抗炭疽病。食用器官为块茎，熟食。可作为山药育种材料。

【濒危状况及保护措施建议】当地少数农户零星种植，分布范围较窄，收集困难。建议异位妥善保存。

14 杏岙白山药
P330324018

【学　名】Dioscoreaceae（薯蓣科）Dioscorea（薯蓣属）Dioscorea polystachya（薯蓣）。

【采集地】浙江省温州市永嘉县。

【主要特征特性】地上茎匍匐型，叶密度中等，茎蔓逆时针缠绕，绿色，横断面四棱形，有棱翼，节间长15.8cm；幼苗黄绿色；成株叶剑形，黄绿色，全缘，叶长19.6cm，叶宽9.2cm；叶柄绿色；无零余子；地下块茎不规则状，易分叉，纵径29.6cm，横径6.8cm，表皮较光滑，呈浅褐色，根毛中等，块茎较硬，肉质松脆、黄白色，黏度中等。单株块茎重1300.0～2000.0g。浙江省4月中上旬育苗，10月下旬后可采收。田间表现中抗炭疽病。当地农民认为该品种产量高、优质、白肉。

【优异特性与利用价值】中抗炭疽病，耐热，抗虫，抗旱。食用器官为块茎，熟食。可作为山药育种材料。

【濒危状况及保护措施建议】当地少数农户零星种植，分布范围较窄，收集困难。建议异位妥善保存。

15 岭北紫山药

P330324026

【学　名】Dioscoreaceae（薯蓣科）Dioscorea（薯蓣属）Dioscorea polystachya（薯蓣）。

【采集地】浙江省温州市永嘉县。

【主要特征特性】地上茎匍匐型，叶密度中等，茎蔓逆时针缠绕，绿色，横断面四棱形，节间长11.3cm；幼苗紫红色；成株叶心形，黄绿色，全缘，叶长16.4cm，叶宽8.4cm；叶柄绿色，基部紫色；无零余子；地下块茎长卵形或不规则状，纵径20.3cm，横径7.9cm，表皮多皱，呈褐色，根毛少，主要分布于块茎中上部，肉质较松脆，浅紫色，黏度中等。单株块茎重400.0～800.0g。田间表现中抗炭疽病。浙江省4月上旬育苗，11月上旬后可采收。当地农民认为该品种优质，抗病。

【优异特性与利用价值】品质较好，中抗炭疽病，抗虫。食用器官为块茎，熟食。可作为山药育种材料。

【濒危状况及保护措施建议】当地少数农户零星种植，分布范围较窄，收集困难。建议异位妥善保存。

16 青街山药

P330326027

【学　名】Dioscoreaceae（薯蓣科）Dioscorea（薯蓣属）Dioscorea polystachya（薯蓣）。
【采集地】浙江省温州市平阳县。

【主要特征特性】地上茎匍匐型，叶密度中等，茎蔓逆时针缠绕，绿色，横断面四棱形，节间长9.6cm；幼苗紫红色；成株叶剑形，黄绿色，全缘，叶长15.6cm，叶宽7.5cm；叶柄绿色，基部紫色；无零余子；地下块茎长卵形或短柱状，纵径18.2cm，横径8.8cm，表皮多皱，呈褐色，根毛少，块茎较硬，肉质白紫色，黏度中等。单株块茎重400.0～700.0g。浙江省4月中上句育苗，10月中旬后可采收。当地农民认为该品种品质好，产量高，红心。

【优异特性与利用价值】品质好，耐热，抗虫，产量高。食用器官为块茎，熟食。可作为山药育种材料。

【濒危状况及保护措施建议】当地少数农户零星种植，分布范围较窄，收集困难。建议异位妥善保存。

17 文成糯米山药

P330328020

【学　名】Dioscoreaceae（薯蓣科）*Dioscorea*（薯蓣属）*Dioscorea polystachya*（薯蓣）。

【采集地】浙江省温州市文成县。

【主要特征特性】地上茎匍匐型，叶密度低，茎蔓逆时针缠绕，绿色，横断面四棱形；幼苗黄绿色；成株叶心形，黄绿色，全缘，叶长12.5cm，叶宽9.3cm；叶柄浅绿色；无零余子；地下块茎圆柱形，纵径33.1cm，横径7.5cm，表皮多皱，呈褐色，根毛少，块茎较硬，肉质黄白色，黏度一般。单株块茎重800.0～1100.0g。浙江省4月中上旬育苗，11月中旬后可采收。当地农民认为该品种品质好，产量高，较抗病。

【优异特性与利用价值】品质好，中抗炭疽病，耐热。食用器官为块茎，药食两用。可作为山药育种材料。

【濒危状况及保护措施建议】当地少数农户零星种植，分布范围较窄，收集困难。建议异位妥善保存。

18 文成紫山药

P330328021

【学　名】Dioscoreaceae（薯蓣科）Dioscorea（薯蓣属）Dioscorea polystachya（薯蓣）。
【采集地】浙江省温州市文成县。

【主要特征特性】地上茎匍匐型，叶密度中等，茎蔓逆时针缠绕，绿色，横断面四棱形；幼苗紫红色；成株叶心形，绿色，全缘，叶长9.0cm，叶宽5.5cm；叶柄绿色，基部紫色；无零余子；地下块茎扁平或脚状，纵径24.1cm，横径9.3cm，表皮少皱，肉质紫红色，根毛少，块茎硬度适中，黏度中等。单株块茎重700.0～1000.0g。浙江省4月中上旬育苗，11月中旬后可采收。田间表现高感炭疽病。当地农民认为该品种品质好，易感炭疽病。

【优异特性与利用价值】品质好，耐热，抗虫。食用器官为块茎，药食两用。可作为山药育种材料。

【濒危状况及保护措施建议】当地少数农户零星种植，分布范围较窄，收集困难。建议异位妥善保存。

19 糯米薯

P330329004

【学　名】Dioscoreaceae（薯蓣科）*Dioscorea*（薯蓣属）*Dioscorea polystachya*（薯蓣）。

【采集地】浙江省温州市泰顺县。

【主要特征特性】地上茎匍匐型，叶密度中等，茎蔓逆时针缠绕，绿色，横断面四棱形，节间长14.5cm；幼苗黄绿色；成株叶心形，黄绿色，全缘，叶长12.5cm，叶宽8.5cm；叶柄浅绿色；无零余子；地下块茎扁平状，纵径21.8cm，横径13.3cm，表皮光滑，呈浅褐色，根毛少，多处于块茎上部，块茎较软，肉质乳白色，黏度中等。单株块茎重700.0～1000.0g。浙江省4月上旬育苗，11月下旬后可采收。田间表现高感炭疽病。

【优异特性与利用价值】品质好，耐热，抗虫，抗旱，适应性广。食用器官为块茎，药食两用。可作为山药育种材料。

【濒危状况及保护措施建议】当地少数农户零星种植，分布范围较窄，收集困难。建议异位妥善保存。

20 红薯（红皮白心）

【学　名】 Dioscoreaceae（薯蓣科）Dioscorea（薯蓣属）Dioscorea polystachya（薯蓣）。

P330329005

【采集地】 浙江省温州市泰顺县。

【主要特征特性】 地上茎匍匐型，叶密度中等，茎蔓逆时针缠绕，绿色，横断面四棱形，节间长16.0cm；幼苗紫红色；成株叶心形，黄绿色，全缘，叶长12.8cm，叶宽7.2cm；叶柄浅绿色；无零余子；地下块茎圆柱形或不规则状，纵径19.2cm，横径8.1cm，表皮少皱，呈褐色，根毛较多，全块茎分布，块茎较硬，肉质紫白色，黏度中等。单株块茎重600.0~900.0g。浙江省4月上旬育苗，11月下旬后可采收。田间表现中抗炭疽病。

【优异特性与利用价值】 品质较好，耐热，抗虫。食用器官为块茎，药食两用。可作为山药育种材料。

【濒危状况及保护措施建议】 当地少数农户零星种植，分布范围较窄，收集困难。建议异位妥善保存。

21 红薯（红皮红心）

【学　名】Dioscoreaceae（薯蓣科）*Dioscorea*（薯蓣属）*Dioscorea polystachya*（薯蓣）。

P330329006　　　　　**【采集地】**浙江省温州市泰顺县。

【主要特征特性】地上茎匍匐型，叶密度中等，茎蔓逆时针缠绕，绿色，横断面四棱形，节间长12.6cm；幼苗紫红色；成株叶剑形，灰绿色，全缘，叶长10.6cm，叶宽7.8cm；叶柄浅绿色；无零余子；地下块茎扁平，纵径17.9cm，横径7.0cm，表皮多皱，呈褐色，根毛中等，块茎较硬，肉质紫色，黏度中等。单株块茎重500.0～800.0g。浙江省4月上旬育苗，11月下旬后可采收。

【优异特性与利用价值】品质较好，耐热、抗虫、抗旱。食用器官为块茎，药食两用。可作为山药育种材料。

【濒危状况及保护措施建议】当地少数农户零星种植，分布范围较窄，收集困难。建议异位妥善保存。

22 圆形山药

P330381011

【学　名】Dioscoreaceae（薯蓣科）Dioscorea（薯蓣属）Dioscorea polystachya（薯蓣）。
【采集地】浙江省温州市苍南县。

【主要特征特性】地上茎匍匐型，叶密度中等，茎蔓逆时针缠绕，绿色，横断面四棱形，节间长10.6cm；幼苗黄绿色；成株叶剑形，黄绿色，全缘，叶长10.6cm，叶宽6.9cm；叶柄绿色；无零余子；地下块茎近圆形或不规则形，纵径20.1cm，横径15.2cm，表皮光滑，呈浅褐色，根毛少，块茎较硬，肉质乳白色，黏度中等。单株块茎重1000.0g左右。浙江省4月中上旬育苗，11月下旬后可采收。田间表现中抗炭疽病。当地农民认为该品种优质，产量高，较抗病。

【优异特性与利用价值】品质较好，中抗炭疽病。食用器官为块茎，熟食，可加工成山药片。可作为山药育种材料。

【濒危状况及保护措施建议】当地少数农户零星种植，分布范围较窄，收集困难。建议异位妥善保存。

23 淮山山药

P330381017

【学　名】Dioscoreaceae（薯蓣科）Dioscorea（薯蓣属）Dioscorea polystachya（薯蓣）。

【采集地】浙江省温州市瑞安市。

【主要特征特性】地上茎匍匐型，叶密度中等，茎蔓逆时针缠绕，褐绿色，横断面圆形，节间长13.6cm；幼苗紫红色；成株叶剑形，深绿色，全缘，叶长11.6m，叶宽6.2cm；叶柄绿色，基部紫红色；有零余子，长棒形或不规则状；地下块茎圆柱形，纵径47.0cm，横径4.9cm，表皮光滑，呈褐色，根毛少，块茎较硬，肉质乳白色，黏度中等。单株块茎重900.0～1500.0g。浙江省3月中上旬育苗，11月下旬后可采收。田间表现抗炭疽病。当地农民认为该品种产量高，抗性强，具有健脾益肺的功效。

【优异特性与利用价值】抗炭疽病，高产。食用器官为块茎，熟食，可加工成山药片。可作为山药育种材料。

【濒危状况及保护措施建议】当地少数农户零星种植，分布范围较窄，收集困难。建议异位妥善保存。

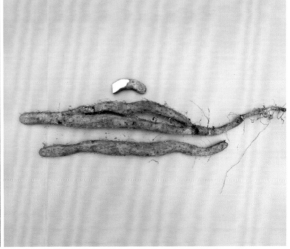

24 太湖山药

P330502003

【学 名】Dioscoreaceae（薯蓣科）Dioscorea（薯蓣属）Dioscorea polystachya（薯蓣）。
【采集地】浙江省湖州市吴兴区。

【主要特征特性】地上茎匍匐型，叶密度中等，茎蔓逆时针缠绕，蔓数1或2条，紫绿色，横断面圆形，节间长6.4cm；幼苗褐绿色；成株叶剑形，黄绿色，全缘，叶长8.7cm，叶宽5.9cm；叶柄绿色，基部紫色；有零余子，圆形，灰褐色，较光滑；地下块茎长柱状，多分枝，纵径34.0cm，横径3.3cm，表皮较光滑，呈浅褐色，根毛少，块茎肉质致密、白色，黏度中等。单株块茎重200.0～500.0g。浙江省4月中上旬育苗，10月下旬后可采收。田间表现中抗炭疽病。当地农民认为该品种产量高，较抗病，抗虫。

【优异特性与利用价值】质粉，中抗炭疽病。食用器官为块茎，熟食。可作为山药育种材料。

【濒危状况及保护措施建议】当地少数农户零星种植，分布范围较窄，收集困难。建议异位妥善保存。

25 永康白山药

P330784008

【学　名】Dioscoreaceae（薯蓣科）Dioscorea（薯蓣属）Dioscorea polystachya（薯蓣）。
【采集地】浙江省金华市永康市。

【主要特征特性】地上茎匍匐型，叶密度中等，长势中等，茎蔓逆时针缠绕，绿色，横断面四棱形；幼苗绿色；成株叶心形，黄绿色，全缘，叶长12.0cm，叶宽9.3cm；叶柄绿色；无零余子；地下块茎短柱状，纵径25.5cm，横径10.0cm，表皮薄而脆，呈灰色或褐色，根毛少，肉质松脆、乳白色，黏度中等。单株块茎重1000.0g。浙江省4月中上旬育苗，11月上旬后可采收。田间表现中抗炭疽病。当地农民认为该品种品质较好，抗病。

【优异特性与利用价值】品质较好，中抗炭疽病，耐热，抗虫，抗旱。食用器官为块茎，药食两用。可作为山药育种材料。

【濒危状况及保护措施建议】当地少数农户零星种植，分布范围较窄，收集困难。建议异位妥善保存。

26 永康红山药

P330784009

【学 名】Dioscoreaceae（薯蓣科）Dioscorea（薯蓣属）Dioscorea polystachya（薯蓣）。

【采集地】浙江省金华市永康市。

【主要特征特性】地上茎匍匐型，长势中等，茎蔓逆时针缠绕，绿色，横断面四棱形；幼苗深紫红色；成株叶心形，灰绿色，全缘，叶长13.1cm，叶宽8.3cm；叶柄绿色，基部紫色；无零余子；地下块茎短柱状，纵径24.0cm，横径9.2cm，表皮薄而脆，呈褐色，根毛少，肉质松软、黄白色，黏度中等。单株块茎重2000.0～3000.0g。浙江省4月上旬育苗，11月上旬后可采收。田间表现中抗炭疽病。当地农民认为该品种品质较好，产量较高，抗病。

【优异特性与利用价值】产量较高，品质较好，中抗炭疽病。食用器官为块茎，药食两用。可作为山药育种材料。

【濒危状况及保护措施建议】当地少数农户零星种植，分布范围较窄，收集困难。建议异位妥善保存。

27 衢江紫山药
P330803007

【学 名】Dioscoreaceae（薯蓣科）Dioscorea（薯蓣属）Dioscorea polystachya（薯蓣）。
【采集地】浙江省衢州市衢江区。

【主要特征特性】地上茎匍匐型，叶密度中等，茎蔓逆时针缠绕，绿色，横断面菱形，节间长16.4cm；幼苗黄绿色；成株叶心形，黄绿色，全缘，叶长13.7cm，叶宽9.8cm；叶柄浅绿色；无零余子；地下块茎圆柱形，有分枝，纵径23.0cm，横径11.6cm，表皮多皱，呈褐色，根毛少，块茎较硬，肉质紫白色，黏度一般。单株块茎重1200.0～1500.0g。浙江省4月中旬育苗，10月中旬后可采收。田间表现中抗炭疽病。当地农民认为该品种品质好，产量高，较抗病。

【优异特性与利用价值】品质好，中抗炭疽病。食用器官为块茎，药食两用。可作为山药育种材料。

【濒危状况及保护措施建议】当地少数农户零星种植，分布范围较窄，收集困难。建议异位妥善保存。

28 龙游薯蓣

P330825032

【学　名】Dioscoreaceae（薯蓣科）*Dioscorea*（薯蓣属）*Dioscorea polystachya*（薯蓣）。
【采集地】浙江省衢州市龙游县。

【主要特征特性】地上茎匍匐型，叶密度中等，茎蔓逆时针缠绕，绿色，横断面四棱形，节间长15.3cm；幼苗黄绿色；成株叶戟形，黄绿色，全缘，叶长20.7cm，叶宽13.7cm；叶柄浅绿色；无零余子；地下块茎不规则状，纵径27.5cm，横径7.4cm，表皮较光滑，呈灰色，根毛少，块茎硬度中等，肉质乳白色，黏度中等。单株块茎重600.0～1000.0g。浙江省4月中上旬育苗，10月下旬后可采收。田间表现抗炭疽病。当地农民认为该品种品质好，具有保健作用。

【优异特性与利用价值】品质好，抗炭疽病，耐热。食用器官为块茎，药食两用。可作为山药育种材料。

【濒危状况及保护措施建议】当地少数农户零星种植，分布范围较窄，收集困难。建议异位妥善保存。

29 廿八都大薯

P330881007

【学　名】Dioscoreaceae（薯蓣科）Dioscorea（薯蓣属）Dioscorea polystachya（薯蓣）。
【采集地】浙江省衢州市江山市。

【主要特征特性】地上茎匍匐型，叶密度中等，茎蔓逆时针缠绕，绿色，横断面四棱形，节间长13.5cm；幼苗黄绿色；成株叶剑形，绿色，全缘，叶长11.7cm，叶宽8.0cm；叶柄绿色；无零余子；地下块茎不规则状，纵径8.7cm，横径5.9cm，表皮光滑，呈褐色，根毛少，肉质致密、黄白色，黏度中等。单株块茎重600.0～1000.0g。浙江省4月中上旬育苗，10月中旬后可采收，亩产3000.0kg。田间表现中抗炭疽病。
【优异特性与利用价值】耐热。食用器官为块茎，药食两用。可作为山药育种材料。
【濒危状况及保护措施建议】当地少数农户零星种植，分布范围较窄，收集困难。建议异位妥善保存。

30 廿八都山药
P330881009

【学 名】Dioscoreaceae（薯蓣科）Dioscorea（薯蓣属）Dioscorea polystachya（薯蓣）。
【采集地】浙江省衢州市江山市。

【主要特征特性】地上茎匍匐型，叶密度中等，茎蔓逆时针缠绕，横断面圆形，褐紫色，节间长 11.6cm；幼苗红褐色；成株叶戟形，绿色，全缘，叶长 9.8cm，叶宽 6.5cm；叶柄紫红色；有零余子，长棒形或圆形；地下块茎长柱状，多分枝，纵径 51.8cm，横径 3.9cm，表皮光滑，呈浅褐色，根毛少，块茎较硬，肉质乳白色，黏度中等。单株块茎重 600.0～1200.0g。浙江省 4 月中上旬育苗，9 月中旬后可采收。田间表现抗炭疽病。当地农民认为该品种产量高，较抗病。

【优异特性与利用价值】早熟，抗炭疽病，耐热，抗虫。食用器官为块茎，药食两用。可作为山药育种材料。

【濒危状况及保护措施建议】当地少数农户零星种植，分布范围较窄，收集困难。建议异位妥善保存。

31 黄岩紫蓣药

P331003001

【学　名】Dioscoreaceae（薯蓣科）Dioscorea（薯蓣属）Dioscorea polystachya（薯蓣）。

【采集地】浙江省台州市黄岩区。

【主要特征特性】地上茎匍匐型，叶密度中等，茎蔓逆时针缠绕，绿色，横断面四棱形，节间长13.4cm；幼苗紫红色；成株叶心形，黄绿色，全缘，叶长12.0cm，叶宽8.0cm；叶柄绿色，基部紫红色；无零余子；地下块茎短圆柱状，纵径21.3cm，横径6.5cm，表皮少皱，呈褐色，根毛少，块茎较硬，肉质紫红色，黏度中等。单株块茎重600.0～1000.0g。浙江省3月中上旬育苗，11月上旬后可采收。田间表现高感炭疽病。当地农民认为该品种品质好，喜沙性土。

【优异特性与利用价值】品质好，耐热，抗虫。食用器官为块茎，药食两用。可作为山药育种材料。

【濒危状况及保护措施建议】分布范围窄，但知名度较高，多为当地农户零星种植。建议异位妥善保存。

32 黄岩白山药

P331003002

【学　名】Dioscoreaceae（薯蓣科）Dioscorea（薯蓣属）Dioscorea polystachya（薯蓣）。

【采集地】浙江省台州市黄岩区。

【主要特征特性】地上茎匍匐型，叶密度低，茎蔓逆时针缠绕，绿色，横断面四棱形，节间长8.7cm；幼苗绿色；成株叶心形，黄绿色，全缘，叶长13.1cm，叶宽9.0cm；叶柄浅绿色；无零余子；地下块茎不规则状，易分叉，纵径17.9cm，横径7.4cm，表皮较光滑，呈浅褐色，根毛少，块茎松软，肉质乳白色，黏度中等。单株块茎重300.0～500.0g。浙江省4月中上旬育苗，11月中旬后可采收，亩产3000.0kg。田间表现高感炭疽病、病毒病等。

【优异特性与利用价值】优质，耐热，抗虫，抗旱。食用器官为块茎，熟食。可作为山药育种材料。

【濒危状况及保护措施建议】当地少数农户零星种植，分布范围较窄，收集困难。建议异位妥善保存。

33 太湖苕药

P331081012

【学　名】 Dioscoreaceae（薯蓣科）Dioscorea（薯蓣属）Dioscorea polystachya（薯蓣）。
【采集地】 浙江省台州市温岭市。

【主要特征特性】 地上茎匍匐型，叶密度低，茎蔓逆时针缠绕，绿色，横断面四棱形，节间长 14.2cm；幼苗黄绿色；成株叶剑形，黄绿色，全缘，叶长 12.3cm，叶宽 8.8cm；叶柄浅绿色；无零余子；地下块茎短圆柱状或长卵形，纵径 32.0cm，横径 10.1cm，表皮光滑，呈浅褐色，根毛较多，多集中于块茎上部，块茎肉质致密、黄白色，黏度中等。单株块茎重 800.0～1200.0g。浙江省 4 月上旬育苗，11 月中旬后可采收。当地农民认为该品种肉质细、黏液多、耐贮藏、品质佳，富含淀粉，具有保健功效。

【优异特性与利用价值】 品质佳，肉质细，块茎黏度适中，口感滑脆。食用器官为块茎，熟食。可作为山药育种材料。

【濒危状况及保护措施建议】 当地少数农户零星种植，分布范围较窄，收集困难。建议异位妥善保存。

34 遂昌薯

P331123025

【学 名】Dioscoreaceae（薯蓣科）Dioscorea（薯蓣属）Dioscorea polystachya（薯蓣）。

【采集地】浙江省丽水市遂昌县。

【主要特征特性】地上茎匍匐型，叶密度中等，茎蔓逆时针缠绕，绿色，横断面圆形，节间长16.0cm；幼苗紫红色；成株叶心形，黄绿色，全缘，叶长12.9cm，叶宽8.1cm；叶柄浅绿色；无零余子；地下块茎不规则状，多分枝，纵径19.7cm，横径9.1cm，表皮少皱，呈褐色，根毛较多，多分布于块茎上部，块茎较硬，肉质紫红色，黏度中等。单株块茎重500.0～700.0g。浙江省4月中上旬育苗，10月下旬后可采收。田间表现高感炭疽病。

【优异特性与利用价值】耐热，抗虫，耐涝。食用器官为块茎，熟食。可作为山药育种材料。

【濒危状况及保护措施建议】当地少数农户零星种植，分布范围较窄，收集困难。建议异位妥善保存。

35 土薯
【学　名】 Dioscoreaceae（薯蓣科）Dioscorea（薯蓣属）Dioscorea polystachya（薯蓣）。
P331181027　**【采集地】** 浙江省丽水市龙泉市。

【主要特征特性】 地上茎匍匐型，叶密度中等，茎蔓逆时针缠绕，绿色，横断面四棱形，节间长10.3cm；幼苗紫红色；成株叶剑形，绿色，全缘，叶长12.8cm，叶宽7.3cm；叶柄绿色，基部紫色；无零余子；地下块茎不规则状，纵径14.3cm，横径7.5cm，表皮少皱，呈褐色，根毛少，肉质致密、紫红色，黏度中等。单株块茎重500.0～700.0g。浙江省4月中上旬育苗，10月上旬后可采收。田间表现高感炭疽病。

【优异特性与利用价值】 优质，耐热，抗虫，抗旱。食用器官为块茎，熟食。可作为山药育种材料。

【濒危状况及保护措施建议】 当地少数农户零星种植，分布范围较窄，收集困难。建议异位妥善保存。

第三节　蕉芋种质资源

1 跃龙芭蕉芋

2017333094

【学　名】Cannaceae（美人蕉科）Canna（美人蕉属）Canna edulis（蕉芋）。
【采集地】浙江省宁波市宁海县。

【主要特征特性】株型半直立。株高243.0cm，地上茎直径3.5cm，分蘖数9.0个。叶长椭圆形，绿色，叶长68.7cm，叶宽29.3cm，叶缘和叶脉紫红色，叶鞘边缘紫红色，其余绿色；总状花序，花红色，子房绿色，蒴果长7.6mm、粗7.6mm，种子褐色。地下球茎上部紫红色，中下部白色，不规则排列，子芋灯泡形，肉色白。晚熟，浙江省一般12月采收，生育期300天以上。当地农民认为该品种抗病性强，适应性广，对栽培条件要求一般。

【优异特性与利用价值】耐热，抗病，广适。食用器官为块茎，可煮食或提取淀粉，可饲用。茎叶纤维可造纸、制绳。

【濒危状况及保护措施建议】当地少数农户零星种植，分布范围较窄，收集困难。建议异位妥善保存。

2 藕芋

2017335019

【学　名】Cannaceae（美人蕉科）*Canna*（美人蕉属）*Canna edulis*（蕉芋）。

【采集地】浙江省温州市苍南县。

【主要特征特性】株型半直立。株高235.0cm，地上茎直径2.8cm，分蘖数9.0个。叶长椭圆形，绿色，叶长55.6cm，叶宽25.4cm，叶缘和叶脉紫红色，叶鞘边缘紫红色，其余绿色；总状花序，花红色，子房绿色，蒴果长13.3mm、粗12.6mm。地下球茎上部紫红色，中下部白色，不规则排列，子芋灯泡形，肉色白。晚熟，浙江省一般12月采收，生育期300天以上。当地农民认为该品种为球状块根，高产，以食用淀粉为主，可制作地方小吃，加工后也可用于婴儿爽身粉。

【优异特性与利用价值】抗病，优质，产量较高。食用器官为块茎，可煮食或提取淀粉，可饲用。

【濒危状况及保护措施建议】当地少数农户零星种植，分布范围较窄，收集困难。建议异位妥善保存。

3 余姚蕉藕

P330281017

【学　名】Cannaceae（美人蕉科）*Canna*（美人蕉属）*Canna edulis*（蕉芋）。

【采集地】浙江省宁波市余姚市。

【主要特征特性】株型直立。株高285.0cm，地上茎直径3.1cm，分蘖数9.0个。叶长椭圆形，深绿色，叶长63.7cm，叶宽27.0cm，叶缘和叶脉紫红色，叶鞘边缘紫红色，其余绿色，生长后期紫红色变浅；总状花序，花红色，子房紫红色，蒴果长12.3mm、粗11.9mm。地下球茎上部紫红色，中下部白色，不规则排列，子芋灯泡形，肉色白。晚熟，浙江省一般12月采收，生育期300天以上。当地农民认为该品种抗病性强，适应性广，当地多用于磨粉食用。

【优异特性与利用价值】抗病，优质，广适，产量较高。食用器官为块茎，可煮食或提取淀粉，可饲用。

【濒危状况及保护措施建议】当地少数农户零星种植，分布范围较窄，收集困难。建议异位妥善保存。

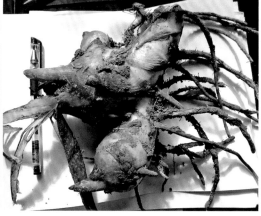

4 文成蕉藕

P330328026

【学　名】Cannaceae（美人蕉科）*Canna*（美人蕉属）*Canna edulis*（蕉芋）。
【采集地】浙江省温州市文成县。

【主要特征特性】株型半直立。株高310.0cm，地上茎直径3.7cm，分蘗数14.0个。叶长椭圆形，深绿色，叶长67.7cm，叶宽29.9cm，叶缘和叶脉紫红色，叶鞘边缘紫红色，其余绿色，生长后期紫红色变浅；总状花序，花红色，子房黄绿色，蒴果长10.1mm、粗9.3mm。地下球茎上部紫红色，中下部白色，不规则排列，子芋灯泡形，肉色白。晚熟，浙江省一般12月采收，生育期300天以上。当地农民认为该品种高产、优质、抗病、抗旱。

【优异特性与利用价值】抗病，优质，广适，产量较高。食用器官为块茎，为淀粉加工原材料，也可作为饲料。

【濒危状况及保护措施建议】当地少数农户零星种植，分布范围较窄，收集困难。建议异位妥善保存。

5 平湖蕉藕

P330482029

【学　名】Cannaceae（美人蕉科）Canna（美人蕉属）Canna edulis（蕉芋）。

【采集地】浙江省嘉兴市平湖市。

【主要特征特性】株型半直立。株高310.0cm，地上茎直径3.2cm，分蘖数13.0个。叶长椭圆形，绿色，叶长64.5cm，叶宽29.3cm，叶缘和叶脉紫红色，叶鞘边缘紫红色，其余绿色，生长后期紫红色变浅；总状花序，花红色，子房绿色，蒴果长14.1mm、粗10.4mm，种子褐色，圆形。地下球茎上部紫红色，中下部白色，不规则排列，子芋灯泡形，肉色白。晚熟，浙江省一般12月采收，生育期300天以上。当地农民认为该品种高产，根茎富含淀粉，可供食用、饲用、加工。

【优异特性与利用价值】抗病，优质，广适，产量较高。食用器官为块茎，为淀粉加工原材料，也可作为饲料。

【濒危状况及保护措施建议】当地少数农户零星种植，分布范围较窄，收集困难。建议异位妥善保存。

6 义乌蕉芋

P330782004

【学　名】Cannaceae（美人蕉科）*Canna*（美人蕉属）*Canna edulis*（蕉芋）。
【采集地】浙江省金华市义乌市。

【主要特征特性】株型半直立。株高270.0cm，地上茎直径3.4cm，分蘖数9.0个。叶长椭圆形，深绿色，叶长68.0cm，叶宽33.3cm，叶缘紫红色，叶鞘边缘紫红色，其余绿色，生长后期紫红色变浅；总状花序，花红色，子房绿色染紫，蒴果长12.7mm、粗10.7mm，种子黑色，圆形。地下球茎上部深紫红色，中下部白色，不规则排列，子芋灯泡形，肉色白。晚熟，浙江省一般12月采收，生育期300天以上。当地农民认为该品种多用于磨粉食用，种植管理粗放，病虫害较少，疏松土壤种植，产量高。

【优异特性与利用价值】抗病，优质，广适，产量高。食用器官为块茎，为淀粉加工原材料，也可作为饲料。

【濒危状况及保护措施建议】当地少数农户零星种植，分布范围较窄，收集困难。建议异位妥善保存。

第四节 菊芋种质资源

1 浦江生姜芋
P330726064

【学 名】Compositae（菊科）Helianthus（向日葵属）Helianthus tuberosus（菊芋）。
【采集地】浙江省金华市浦江县。

【主要特征特性】株高230.0～310.0cm，分枝性较强，主茎浅紫红色，有刚毛。叶卵形，绿色，叶端尖，叶面粗糙，叶缘锯齿状，叶长25.0cm左右，叶宽12.0cm左右。地下块茎呈不规则状，皮色黄白，肉白色。每株有块茎15.0～30.0个，单个块茎重50.0～100.0g。浙江省4月上旬出苗，11月中上旬可采收，块茎可露地越冬。当地农民认为该品种生命力强，抗旱，耐贫瘠，病害较少，地下块茎可以腌制咸菜，质地细密、脆嫩。

【优异特性与利用价值】生长势强，耐热，耐涝，耐肥，耐贫瘠。食用器官为块茎，直接炒菜或者腌制咸菜等。

【濒危状况及保护措施建议】当地少数农户零星种植，分布范围较窄，收集困难。建议异位妥善保存。

2 洋姜

P330782003

【学 名】Compositae（菊科）*Helianthus*（向日葵属）*Helianthus tuberosus*（菊芋）。

【采集地】浙江省金华市义乌市。

【主要特征特性】株高210.0cm左右，分枝性一般，主茎中上部紫红色，有刚毛。叶卵形，绿色，叶端尖，叶面粗糙，叶缘锯齿状，叶长25.0cm左右，叶宽14.0cm左右。地下块茎呈不规则状，皮色白，肉白色。每株有块茎1.0～25.0个，单个块茎重50.0～110.0g。浙江省4月上旬出苗，11月下旬可采收，块茎可露地越冬。当地农民认为该品种喜疏松土壤，具有药用价值，可用于辅助治疗糖尿病等。

【优异特性与利用价值】耐热、耐涝性好，产量高。食用器官为块茎，直接炒菜或者腌制咸菜等。

【濒危状况及保护措施建议】当地少数农户零星种植，分布范围较窄，收集困难。建议异位妥善保存。

第 三 章

浙江省水生蔬菜种质资源

第一节 茭白种质资源

本节介绍了11份茭白优异种质资源，所列农艺性状数据均为2019～2021年田间鉴定数据的平均值。

1 一点红

【学　名】Gramineae（禾本科）Zizania（菰属）Zizania latifolia（茭白）。
【采集地】浙江省杭州市郊区。

【主要特征特性】单季茭，植株紧凑，中熟，叶鞘紫绿色。株高193.3cm，叶长109.7cm，叶宽3.0cm，总分蘖数20.0个，其中有效分蘖数13.8个。单个壳茭重65.0g，单个净茭重49.8g，肉质茎长18.5cm、粗2.4cm。肉质茎表皮光滑，呈长条形，白色，肉质致密，隐芽顶部有一个鲜明的红点。采收期9月下旬至10月下旬。
【优异特性与利用价值】肉质茎表皮光滑，肉质致密。
【濒危状况及保护措施建议】在异位妥善保存的同时，建议扩大种植面积。

2 十月茭
【学　名】Grmineae（禾本科）*Zizania*（菰属）*Zizania latifolia*（茭白）。
【采集地】浙江省台州市临海市。

【主要特征特性】单季茭，植株高大，迟熟，叶鞘紫绿色。株高235.0cm，叶长139.8cm，叶宽3.5cm，总分蘖数18.7个，其中有效分蘖数14.2个。单个壳茭重75.4g，单个净茭重54.6g，肉质茎长17.3cm、粗2.8cm。肉质茎表皮光滑，呈长条形，白色，肉质致密。采收期10月上旬至11月上旬。

【优异特性与利用价值】肉质茎表皮光滑，肉质致密。迟熟型，可用作茭白育种材料。

【濒危状况及保护措施建议】在异位妥善保存的同时，建议扩大种植面积。

3 八月白

P330521024

【学　名】Grameneae（禾本科）*Zizania*（菰属）*Zizania latifolia*（茭白）。
【采集地】浙江省湖州市德清县。

【主要特征特性】单季茭，植株紧凑，中熟，叶鞘紫绿色。株高178.0cm，叶长115.6cm，叶宽2.7cm，总分蘖数16.3个，其中有效分蘖数12.0个。单个壳茭重76.6g，单个净茭重57.9g，肉质茎长21.3cm、粗2.6cm。肉质茎表皮光滑，呈长条形，白色，肉质致密。采收期9月下旬至10月下旬。

【优异特性与利用价值】肉质茎表皮光滑，肉质致密。

【濒危状况及保护措施建议】在异位妥善保存的同时，建议扩大种植面积。

4 美人菱

P331122009

【学 名】Gramineae（禾本科）Zizania（菰属）Zizania latifolia（菱白）。

【采集地】浙江省丽水市缙云县。

【主要特征特性】单季菱，植株高大，迟熟，叶鞘紫绿色。株高210.7cm，叶长105.7cm，叶宽3.7cm，总分蘖数21.1个，其中有效分蘖数15.2个。单个壳菱重94.8g，单个净菱重61.1g，肉质茎长18.4cm、粗3.0cm。肉质茎表皮光滑，呈长条形，白色，肉质致密。采收期10月上旬至11月上旬。

【优异特性与利用价值】肉质茎表皮光滑，肉质致密。迟熟型，可用作菱白育种材料。

【濒危状况及保护措施建议】在异位妥善保存的同时，建议扩大种植面积。

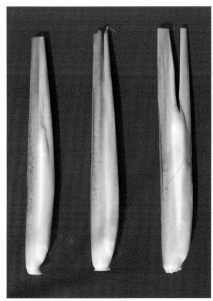

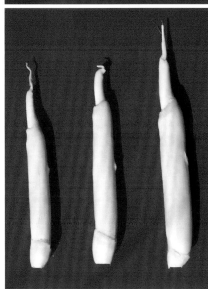

5 象牙茭

【学　名】Grameneae（禾本科）*Zizania*（菰属）*Zizania latifolia*（茭白）。
【采集地】浙江省金华市义乌市。

【主要特征特性】单季茭，植株紧凑，中熟，叶鞘紫绿色。株高184.8cm，叶长121.8cm，叶宽3.4cm，总分蘖数21.8个，其中有效分蘖数13.4个。单个壳茭重69.6g，单个净茭重49.9g，肉质茎长12.9cm、粗2.9cm。肉质茎表皮光滑，呈长条形，白色，肉质致密。采收期9月下旬至10月下旬。

【优异特性与利用价值】肉质茎表皮光滑，肉质致密。

【濒危状况及保护措施建议】在异位妥善保存的同时，建议扩大种植面积。

6 温岭茭

【学　名】Gramineae（禾本科）*Zizania*（菰属）*Zizania latifolia*（茭白）。

【采集地】浙江省台州市温岭市。

【主要特征特性】单季茭，植株紧凑，迟熟，叶鞘紫绿色。株高194.8cm，叶长125.8cm，叶宽3.8cm，总分蘖数20.1个，其中有效分蘖数11.7个。单个壳茭重87.7g，单个净茭重57.2g，肉质茎长11.0cm、粗3.3cm。肉质茎表皮光滑，呈长条形，白色，肉质致密。采收期10月上旬至10月下旬。

【优异特性与利用价值】肉质茎表皮光滑，肉质致密。

【濒危状况及保护措施建议】在异位妥善保存的同时，建议扩大种植面积。

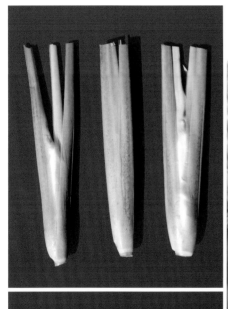

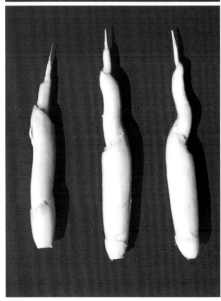

7 49茭

【学　名】Gramineae（禾本科）Zizania（菰属）Zizania latifolia（茭白）。
【采集地】浙江省宁波市郊区。

【主要特征特性】双季茭，植株紧凑，早熟，叶鞘紫绿色。秋季株高201.6cm，叶长116.6cm，叶宽3.2cm，总分蘖数24.6个，其中有效分蘖数11.3个。秋季单个壳茭重91.1g，单个净茭重65.2g，肉质茎长19.8cm、粗3.1cm。采收期10月上旬至11月上旬。夏季株高169.0cm，叶长120.4cm，叶宽3.3cm，总分蘖数13.0个，其中有效分蘖数12.4个。夏季单个壳茭重134.1g，单个净茭重90.5g，肉质茎长15.3cm、粗3.7cm。采收期5月上旬至6月上旬。肉质茎表皮光滑，呈长条形，白色，肉质致密。

【优异特性与利用价值】肉质茎表皮光滑，肉质致密。早熟型，可用作茭白育种材料。

【濒危状况及保护措施建议】在异位妥善保存的同时，建议扩大种植面积。

8 小蜡台

P330122019

【学　名】Grammeae（禾本科）Zizania（菰属）Zizania latifolia（茭白）。

【采集地】浙江省杭州市桐庐县。

【主要特征特性】双季茭，植株紧凑，早熟，叶鞘紫绿色。秋季株高201.6cm，叶长116.6cm，叶宽3.2cm，总分蘖数24.6个，其中有效分蘖数11.3个。秋季单个壳茭重91.1g，单个净茭重65.2g，肉质茎长19.8cm、粗3.1cm。采收期10月中旬至11月中旬。夏季株高169.0cm，叶长120.4cm，叶宽3.3cm，总分蘖数13.0个，其中有效分蘖数12.4个。夏季单个壳茭重134.1g，单个净茭重90.5g，肉质茎长15.3cm、粗3.7cm。采收期5月初至5月下旬。肉质茎表皮光滑，呈长条形，白色，肉质致密。

【优异特性与利用价值】肉质茎表皮光滑，肉质致密。

【濒危状况及保护措施建议】在异位妥善保存的同时，建议扩大种植面积。

9 梭子茭

【学　名】Gramineae（禾本科）*Zizania*（菰属）*Zizania latifolia*（茭白）。
【采集地】浙江省杭州市郊区。

【主要特征特性】双季茭，植株紧凑，中熟，叶鞘紫绿色。秋季株高181.8cm，叶长119.6cm，叶宽3.2cm，总分蘖数17.2个，其中有效分蘖数12.2个。秋季单个壳茭重131.8g，单个净茭重79.5g，肉质茎长19.0cm、粗3.7cm。采收期10月中旬至11月中旬。夏季株高163.0cm，叶长115.2cm，叶宽3.9cm，总分蘖数15.8个，其中有效分蘖数15.2个。夏季单个壳茭重150.0g，单个净茭重103.2g，肉质茎长15.5cm、粗4.2cm。采收期5月中旬至6月中旬。肉质茎表皮光滑，呈纺锤形，白色，肉质致密。

【优异特性与利用价值】肉质茎表皮光滑，肉质致密。自然突变率高，可用作茭白育种材料。

【濒危状况及保护措施建议】在异位妥善保存的同时，建议扩大种植面积。

10 余杭茭
【学　名】Gramineae（禾本科）Zizania（菰属）Zizania latifolia（茭白）。
【采集地】浙江省杭州市余杭区。

【主要特征特性】双季茭，植株紧凑，迟熟，叶鞘紫绿色。秋季株高181.3cm，叶长129.0cm，叶宽3.2cm，总分蘖数14.3个，其中有效分蘖数9.1个。秋季单个壳茭重140.5g，单个净茭重108.4g，肉质茎长23.8cm、粗3.7cm。采收期11月中旬至12月上旬。夏季株高184.7cm，叶长130.5cm，叶宽4.1cm，总分蘖数14.8个，其中有效分蘖数14.1个。夏季单个壳茭重156.3g，单个净茭重113.6g，肉质茎长17.4cm、粗4.1cm。采收期5月下旬至6月中旬。肉质茎表皮光滑，呈竹笋形，白色，肉质致密。
【优异特性与利用价值】肉质茎表皮光滑，肉质致密。迟熟型，可用作茭白育种材料。
【濒危状况及保护措施建议】在异位妥善保存的同时，建议扩大种植面积。

11 黄岩双季茭

2019333667

【学 名】Gramineae（禾本科）Zizania（菰属）Zizania latifolia（茭白）。

【采集地】浙江省台州市黄岩区。

【主要特征特性】双季茭，中熟，植株直立，生长势较强，分蘖力中等。株高160.0cm，叶长120.0cm，叶宽3.6cm，叶鞘绿色，有紫红色斑点。台州黄岩地区露地栽培，夏茭在5月上旬至6月上旬上市。秋茭结茭节位略高，茭肉细长，商品性一般，10月下旬至11月下旬上市。肉质茎纺锤形，上端较尖，表皮浅黄白色，表皮光滑。肉质茎长20.0cm，单个壳茭重65.0g。每亩产夏茭1750.0kg、秋茭1000.0kg。

【优异特性与利用价值】肉质茎表皮光滑，肉质细嫩。中熟型，可用作茭白育种材料。

【濒危状况及保护措施建议】在异位妥善保存的同时，建议扩大种植面积。

第二节　莲种质资源

本节介绍6份莲优异种质资源，所列农艺性状数据均为2019～2021年田间鉴定数据的平均值。

1 宣莲

【学　名】Nelumbonaceae（莲科）*Nelumbo*（莲属）*Nelumbo nucifera*（莲）。
【采集地】浙江省金华市武义县。

【主要特征特性】中熟，产地3月下旬至4月上旬种植，6月下旬始收，种植至开花110～120天，持续采收80～110天。叶近圆形，叶色深绿，株高156.0cm，叶长约60.5cm，叶上花，花茎平均比立叶高20.5cm。花红色，单瓣，心皮数18～25个（平均达18.5个），结实率约78.2%。成熟莲子呈短圆柱形，纵径约2.4cm，横径约1.8cm，干莲子百粒重92.3g，亩产通心干莲50.0～60.0kg。莲子颗粒大、饱满、熟食酥而不烂。

【优异特性与利用价值】加工性能好，通心干莲品质好。可作为育种材料。

【濒危状况及保护措施建议】在异位妥善保存的同时，建议扩大种植面积。

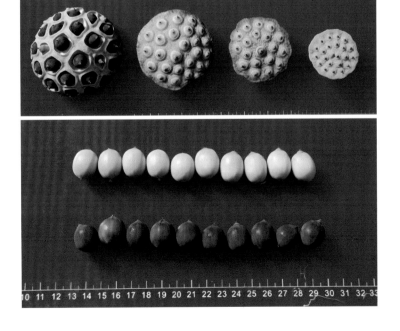

2 处州白莲
P331102019

【学　名】Nelumbonaceae（莲科）Nelumbo（莲属）Nelumbo nucifera（莲）。
【采集地】浙江省丽水市莲都区。

【主要特征特性】中熟，耐深水，产地3月下旬种植，6月下旬始收，种植至开花110～120天，持续采收80～110天。叶近圆形，叶色深绿，有光泽，最大立叶直径65.0～70.0cm，株高165.0cm。花多而大，红色，莲蓬横径18.0～20.0cm，每蓬结子10～20粒（平均达19.2粒），结实率约76.7%。成熟莲子呈短圆柱形，纵径约2.2cm，横径约1.7cm，通心干莲百粒重约100.0g，亩产通心干莲45.0～60.0kg。莲子颗粒大、饱满、熟食粉糯而不碎。

【优异特性与利用价值】粒大，加工性能好，通心干莲商品性好。可作为育种材料。

【濒危状况及保护措施建议】在异位妥善保存的同时，建议扩大种植面积。

3 金华无籽莲

【学　名】Nelumbonaceae（莲科）Nelumbo（莲属）Nelumbo nucifera（莲）。
【采集地】浙江省金华市婺城区。

【主要特征特性】立叶绿色，最大立叶柄长165.0cm，横径1.9cm，叶片直径66.0cm。白色花，花不能正常开放，雄蕊畸形败育，电镜观察花粉粒干瘪畸形。最大藕段节间长15.0cm，节粗16.0cm。顶芽尖，玉黄色。藕表面浅黄色，藕肉白色，整藕重5.4kg左右。中晚熟，生育期170天，属于浅水型菜用莲藕品种，适于水塘或水田种植，亩产枯莲藕1500.0kg。结藕入土30.0cm左右，抗逆性好。鲜嫩藕质脆，味甜，含淀粉少，适于生食和炒食，充分成熟的老藕熟食较粉，品质好。

【优异特性与利用价值】品质好，花器官特异，待进一步研究。可作为育种材料。

【濒危状况及保护措施建议】在异位妥善保存的同时，建议扩大种植面积。

4 绍兴红花藕

【学　名】Nelumbonaceae（莲科）Nelumbo（莲属）Nelumbo nucifera（莲）。
【采集地】浙江省绍兴市柯桥区。

【主要特征特性】立叶深绿色，红色花，最大立叶柄长169.0cm，横径2.0cm，叶片直径65.0cm。最大藕段节间长20.0cm，节粗17.0cm。顶芽尖长，黄白色。藕表面浅黄褐色，藕肉白色，单枝全藕重4.8kg左右。中晚熟，生育期170天，属于浅水型菜用莲藕品种，适于水池或水田种植，亩产枯莲藕1800.0kg。结藕入土30.0cm左右，抗逆性较强。成熟的老藕淀粉含量较高，熟食味甜粉糯，品质好。

【优异特性与利用价值】淀粉含量较高，品质好。可作为育种材料。

【濒危状况及保护措施建议】在异位妥善保存的同时，建议扩大种植面积。

5 杭州藕

【学　名】Nelumbonaceae（莲科）Nelumbo（莲属）Nelumbo nucifera（莲）。

【采集地】浙江省杭州市、湖州市。

【主要特征特性】立叶深绿色，最大立叶柄长164.0cm，横径2.0cm，叶片直径65.0cm。中晚熟品种，4月中旬种植，8月下旬至翌年3月均可采收，生育期160天。主藕4节或5节，重2480.0g左右，藕把长，藕身圆筒形，表皮黄白色，顶芽玉黄色，花白色，浅水田栽，整支全藕重5.1kg，亩产1500.0～2000.0kg。适宜采收青莲藕，质细嫩，味甜，宜生食、炒食，品质好。

【优异特性与利用价值】鲜食品质好，中晚熟。可作为育种材料。

【濒危状况及保护措施建议】在异位妥善保存的同时，建议扩大种植面积。

6 胥仓雪藕

P330522014

【学　名】Nelumbonaceae（莲科）Nelumbo（莲属）Nelumbo nucifera（莲）。
【采集地】浙江省湖州市长兴县。

【主要特征特性】原产地主要塘栽，立叶深绿色，白色花，最大立叶柄长168.0cm，横径2.2cm，叶片直径67.0cm。中晚熟品种，4月中旬种植，8月下旬至翌年3月均可采收，生育期160天。主藕5节或6节，重3.2kg左右，藕把长，藕身圆筒形，表皮白色，顶芽玉黄色，整支全藕重9.8kg，亩产2500.0～3000.0kg。可采收青莲藕，质细嫩、味甜，也可采收老熟藕，粉糯，可炖食。

【优异特性与利用价值】商品性好，产量高，能结实。可作为育种材料。

【濒危状况及保护措施建议】在异位妥善保存的同时，建议扩大种植面积。

第三节 菱种质资源

本节介绍4份菱优异种质资源，所列农艺性状数据均为2019～2021年田间鉴定数据的平均值。

1 尼姑菱

P330421026

【学　名】Trapaceae（菱科）*Trapa*（菱属）*Trapa acornis*（无角菱）。
【采集地】浙江省嘉兴市嘉善县。

【主要特征特性】早中熟，4月上旬播种，8月下旬至10月下旬采收，亩产约680.0kg。品质好，肉硬而带粳性，果皮绿白色，幼菱有四角，后期四角退化，仅剩痕迹，果形中等，单果重13.0g左右，皮较薄，果重与肉重之比约为1.5∶1。易落果，果实成熟后必须及时采收。生长时要求水位适中，土壤肥沃。耐热，不耐寒，抗风浪能力较弱。
【优异特性与利用价值】国家地理标志性特色农产品，商品性好。
【濒危状况及保护措施建议】在异位妥善保存的同时，建议扩大种植面积。

2 绍兴红菱

【学　名】Trapaceae（菱科）*Trapa*（菱属）*Trapa bispinosa*（菱）。
【采集地】浙江省绍兴市越城区。

【主要特征特性】早熟，4月上旬播种，8月上旬采收嫩菱，8月下旬至10月下旬采收老菱，亩产约1000.0kg。叶柄、叶脉及果皮均呈水红色。四角菱，菱肉含水量多、淀粉稍少，味甜，宜生食，肩角细长平伸，腰角中长，略向下斜伸，果形较大，平均单果重19.8g，果重与肉重之比约为1.5∶1。不耐深水，不抗风浪，适于在浅水池塘、河湾种植。

【优异特性与利用价值】色泽鲜艳，果形较大，商品性好，产量高，生食、熟食皆可。

【濒危状况及保护措施建议】在异位妥善保存的同时，建议扩大种植面积。

3 驼背白菱

【学　名】Trapaceae（菱科）*Trapa*（菱属）*Trapa bispinosa*（菱）。

【采集地】浙江省绍兴市越城区。

【主要特征特性】原产地主要为塘栽，中熟，4月上旬播种，8月下旬采收嫩菱，8月下旬至10月下旬采收老菱，亩产约1200.0kg。叶柄、叶脉呈绿色，果皮呈粉白色。四角菱，果壳较厚，菱肉淀粉含量高，熟食味香粉甜，品质优。肩角略微上翘，腰角略向下斜伸，果形大，平均单果重20.5g，果重与肉重之比约为1.8∶1。耐热，不耐寒，不耐深水，不抗风浪，适于在浅水池塘、河湾种植。

【优异特性与利用价值】商品性好，产量高，适合熟食。

【濒危状况及保护措施建议】在异位妥善保存的同时，建议扩大种植面积。

4 永康青菱　【学　名】Trapaceae（菱科）Trapa（菱属）Trapa bispinosa（菱）。
【采集地】浙江省金华市永康市。

【主要特征特性】早熟，4月上旬播种，7月下旬采收嫩菱，8月上旬至10月上旬采收老菱，亩产约1100.0kg。叶柄、叶脉及果皮呈绿色。四角菱，果壳较薄，菱肉淀粉含量稍低，生食脆甜爽口，品质优。肩角平伸，腰角向下斜伸，果形饱满似元宝状，平均单果重19.5g，果重与肉重之比约为1.4∶1。耐热，不耐寒，不耐深水，不抗风浪，适于在浅水池塘、水田种植。

【优异特性与利用价值】鲜食口感好，适合生食，商品性好，产量高。

【濒危状况及保护措施建议】在异位妥善保存的同时，建议扩大种植面积。

第四节 荸荠种质资源

本节介绍2份荸荠优异种质资源，所列农艺性状数据均为2019~2021年田间鉴定数据的平均值。

1 杭州大红袍

【学 名】Cyperaceae（莎草科）*Heleocharis*（荸荠属）*Heleocharis dulcis*（荸荠）。
【采集地】浙江省杭州市临平区。

【主要特征特性】株高98.0cm，叶状茎直径0.6cm，花序长3.4cm。球茎近圆形，球茎长横径4.4cm，球茎短横径3.7cm，球茎高度2.0cm。球茎脐部平，侧芽小，皮深红色。单个球茎重约21.0g。中熟，4月下旬育苗，6月中下旬分株移栽，株行距40.0cm×50.0cm，水位5.0~8.0cm。12月采收，平均亩产1300.0kg。
【优异特性与利用价值】分蘖能力强，产量高。皮薄，味甜质脆，适宜鲜食。
【濒危状况及保护措施建议】在异位妥善保存的同时，建议扩大种植面积。

2 店头三根葱
2018333621

【学　名】Cyperaceae（莎草科）Heleocharis（荸荠属）Heleocharis dulcis（荸荠）。
【采集地】浙江省台州市黄岩区。

【主要特征特性】株高95.0cm，叶状茎直径0.5cm，花序长3.4cm。球茎近圆形，球茎长横径4.6cm，球茎短横径2.9cm，球茎高度2.1cm。球茎脐部稍凹，侧芽小，皮深红色。单个球茎重约23.0g。中熟，4月下旬育苗，6月中下旬分株移栽，株行距40.0cm×50.0cm，水位5.0～8.0cm。12月采收，平均亩产1600.0kg。

【优异特性与利用价值】分蘖能力强，产量高。个大，肉白味甜，适宜鲜食和加工制罐。
【濒危状况及保护措施建议】在异位妥善保存的同时，建议扩大种植面积。

第五节 莼菜种质资源

本节介绍1份莼菜优异种质资源，所列农艺性状数据均为2019～2021年田间鉴定数据的平均值。

1 西湖莼菜

【学 名】Nymphaeaceae（睡莲科）Brasenia（莼属）Brasenia schreberi（莼菜）。

【采集地】浙江省杭州市萧山区湘湖。

【主要特征特性】发芽至冬季休眠约210天。须根簇生于地下匍匐茎各节上。水中茎在脱离地下匍匐茎前，一般下部节位已产生须根。须根初生时白色，以后变为紫色，最后呈黑色，长15.0～20.0cm，主要分布在10.0～15.0cm的土层。地下匍匐茎黄白色，延伸生长时能产生短缩茎，随着短缩茎的生长，能长出4～6个分枝，在水中发展，形成丛生状水中茎。水中茎直立或弯曲，绿色，密生褐色茸毛，其长度与水深有关，各茎端嫩梢、卷叶、初生花蕾等幼嫩组织表面分布许多腺细胞，分泌透明的胶质。叶互生，一节一叶，初发生的叶卷曲，由胶质包裹。成长的叶椭圆形，全缘，盾状着生，浮水生长。叶面绿色或浅绿色，叶背紫红色，叶柄着生于叶背正中，其长度与水深有关，一般14.0～40.0cm。花萼、花瓣均为暗红色，雄蕊深红色，雌蕊微红色。萼、瓣一般均为3枚，花径1.7～2.2cm，花药红色，花粉粒椭圆形，具单槽，有时可见一明显孔纹。单花结果4～8个，果实革质，绿色，卵圆形，具有宿存花柱，呈喙状，在水中成熟，内有种子，卵圆形，淡黄色。冬季休眠时可形成冬芽，是莼菜贮存养分、休眠越冬的重要形态。冬芽由肥大的茎、叶柄和缩小的叶片组成，外被胶质，一般5节或6节，易形成离层而脱落母体。其叶肉组织排列紧密，无延伸细胞空腔，无气孔，有一层栅栏细胞。叶肉组织中含有贮藏淀粉粒，叶柄中具有双韧维管束，中间是单管腔状的木质部。百芽重160.0g左右，亩产280.0～450.0kg。干物质含量3.9%，蛋白质含量1.5%，可溶性糖含量0.9%，维生素C含量0.9mg/kg，胶质厚，食味佳。

【优异特性与利用价值】生长势强，叶芽、嫩梢胶质厚，口感上佳，营养丰富，是浙江省珍稀特菜。

【濒危状况及保护措施建议】在原产地妥善保存的同时，建议加强原生境保护，扩大种植面积。

第六节　水芹种质资源

1 德清水芹
P330521005

【学　名】Umbelliferae（伞形科）Oenanthe（水芹属）Oenanthe javanica（水芹）。
【采集地】浙江省湖州市德清县。

【主要特征特性】多年生草本植物，株高15.0～80.0cm，茎粗约0.7cm，绿色略带紫红色，空心，半直立。叶片为二至三出的羽状复叶，叶片数6～8片，绿色，叶面光泽中等。单叶长2.0～5.0cm、宽1.0～2.0cm，边缘有斜向上的小锯齿；叶柄宽约0.5cm、长1.0～7.0cm，自下向上逐渐缩短。基生叶有叶鞘。6月开花，复伞形花序顶生，含20余朵小花，花瓣白色。嫩茎叶口感略带甘甜。分枝性强，而且叶节处碰土即生根，一般分株繁殖。

【优异特性与利用价值】嫩茎叶可作蔬菜食用。

【濒危状况及保护措施建议】野生状态，山林水沟旁常见。

第四章

浙江省葱姜蒜类蔬菜
种质资源

第一节 葱种质资源

1 鹤溪葱
2018332001

【学 名】Liliaceae（百合科）*Allium*（葱属）*Allium fistulosum*（葱）。
【采集地】浙江省丽水市景宁畲族自治县。

【主要特征特性】一年生草本植物。株高约30.0cm，株幅约10.0cm。鳞茎单生或数枚聚生，外皮白色，圆柱状，基部略膨大为卵状圆柱形，长约10.0cm，粗约1.0cm。叶基生，一般5片或6片，绿色，表面有少量蜡粉，圆筒状，中空，顶端渐尖，长约28.0cm，粗约7.0mm。花果期4～7月。花葶直立，绿色，高30.0～45.0cm，圆锥状，中空，中部以下膨大，向顶端渐狭，顶端单生一个尖球状总花苞。花苞伞形花序，由30～50朵白色小花组成。开花一个月后可收获种子。采用种子繁殖。

【优异特性与利用价值】地方品种。嫩茎叶可作为蔬菜食用。

【濒危状况及保护措施建议】常见资源，建议异位收集保存。

2 大堰香葱

2017334068

【学　名】Liliaceae（百合科）*Allium*（葱属）*Allium fistulosum*（葱）。

【采集地】浙江省宁波市奉化市。

【主要特征特性】多年生草本植物。株高约28.0cm，株幅约12.0cm。数个鳞茎聚生，鳞茎外皮黄红色，内部奶白色，基部长约4.0cm，呈鸡爪状，粗约1.5cm，上部圆柱状，粗约7.0mm。叶基生，一般4片或5片，深绿色，表面有少量蜡粉，圆筒状，中空，顶端渐尖，长约28.0cm，粗约7.0mm。一般不抽薹开花，采用鳞茎进行分株繁殖。

【优异特性与利用价值】地方品种。嫩茎叶可作为蔬菜食用。

【濒危状况及保护措施建议】常见资源，建议异位收集保存。

第二节 蒜种质资源

1 温峤大蒜
p331081016

【学　名】Liliaceae（百合科）*Allium*（葱属）*Allium sativum*（大蒜）。
【采集地】浙江省台州市温岭市。

【主要特征特性】二年生草本植物。全株具强烈香辣味。叶片基生。叶鞘白色略带紫红色，相抱合形成假茎，长约10.0cm，粗约1.2cm。叶身扁平宽线形，实心，灰绿色，表面有一定的蜡粉，半下垂，长约28.0cm，宽约1.2cm。4月抽薹，5月收鳞茎。

蒜薹灰绿色，圆柱形，实心，长约26.0cm，粗约7.0mm。花苞绿白色，长圆锥形，瘪，长约10.0cm，粗约8.0mm。鳞茎外皮浅白黄色，扁圆形，直径约5.0cm，高3.2～3.5cm，含13～15个奶白色鳞芽，鳞芽大小不整齐，高2.0～3.0cm，背宽1.2～1.5cm，接近两轮排列方式。采用鳞芽进行分株繁殖。

【优异特性与利用价值】地方品种。可作为蔬菜食用。

【濒危状况及保护措施建议】常见资源，建议异位收集保存。

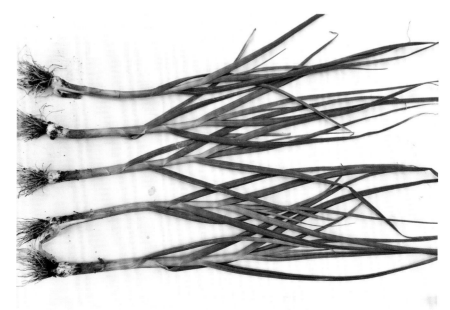

2 清凉峰大蒜

2018334408

【学　名】Liliaceae（百合科）*Allium*（葱属）*Allium sativum*（大蒜）。
【采集地】浙江省杭州市临安市。

【主要特征特性】二年生草本植物。全株具强烈香辣味。叶片基生。叶鞘带紫红色，相抱合形成假茎，长约10.0cm，粗约1.3cm。叶身扁平宽线形，实心，灰绿色，表面有一定的蜡粉，半下垂，长约27.0cm，宽约1.2cm。4月抽薹，5月收鳞茎。蒜薹灰绿色，圆柱形，实心，长约28.0cm，粗约6.0mm。花苞绿白色，长圆锥形，瘪，长约8.0cm，粗约7.0mm。鳞茎外皮紫红色，扁圆形，直径3.5～3.9cm，高3.2～3.8cm，含7个或8个奶白色鳞芽，鳞芽高2.3～2.8cm，背宽1.2～1.5cm，单轮排列。一般采用鳞茎进行分株繁殖。

【优异特性与利用价值】地方品种。可作为蔬菜食用。

【濒危状况及保护措施建议】常见资源，建议异位收集保存。

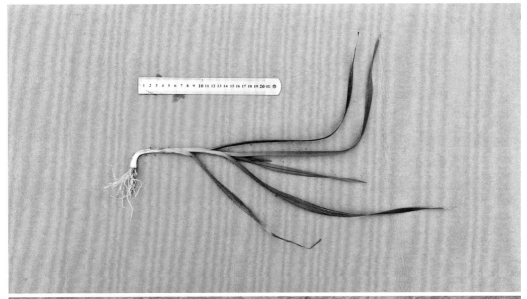

第三节　姜种质资源

1 淳安土生姜
2017331112

【学　名】Zingiberaceae（姜科）Zingiber（姜属）Zingiber officinale（姜）。
【采集地】浙江省杭州市淳安县。

【主要特征特性】株型直立，株高95.2cm，株幅75.5cm，分枝数24.0个。地上茎绿色，茎粗约1.0cm。叶披针形，浅绿色，长28.2cm，宽3.1cm；茎基部紫红色；根状茎双行排列，表皮微皱，皮色淡黄，6级分枝；子姜纺锤形，肉色淡黄，辛辣味浓等。单株重500.0～700.0g。田间表现中抗姜瘟病。浙江省清明前后播种，11月中下旬可采收，亩产1000.0kg左右。当地农民认为该品种香味、辣味浓，可药用。

【优异特性与利用价值】耐热性较强，中抗姜瘟病，抗虫。根状茎香味、辛辣味浓。可作为调味品，可药用。可作为姜育种材料。

【濒危状况及保护措施建议】当地少数农户零星种植，分布范围较窄，收集困难。建议异位妥善保存。

2 更楼本地姜

2017332082

【学　名】Zingiberaceae（姜科）Zingiber（姜属）Zingiber officinale（姜）。

【采集地】浙江省杭州市建德市。

【主要特征特性】株型半直立，株高103.7cm，株幅86.3cm，分枝数20.0个。地上茎绿色，茎粗1.0cm。主茎叶片数35片，叶披针形，深绿色，长29.9cm，宽2.9cm；茎基部紫红色；根状茎双行排列，表皮微皱，皮色淡黄，6级分枝；子姜灯泡形，长5.7cm，粗3.5cm，肉色淡黄，辛辣味中等。单株重500.0g左右。田间表现中抗姜瘟病。浙江省清明前后播种，10～11月可采收，亩产1000.0～1500.0kg。

【优异特性与利用价值】耐热性较强，中抗姜瘟病，抗虫性好，适应性广。可作为调味品，可药用。可作为姜育种材料。

【濒危状况及保护措施建议】当地少数农户零星种植，分布范围较窄，收集困难。建议异位妥善保存。

3 竹根姜
2017335015

【学 名】Zingiberaceae（姜科）Zingiber（姜属）Zingiber officinale（姜）。

【采集地】浙江省温州市苍南县。

【主要特征特性】株型半直立，株高125.1cm，株幅88.6cm，分枝数26.0个。地上茎绿色，茎粗0.9cm。主茎叶片数38片，叶披针形，绿色，长30.0cm，宽3.1cm；茎基部紫红色；根状茎不规则排列，表皮微皱，皮色淡黄，6级分枝；子姜纺锤形，长6.0cm，粗3.2cm，肉色黄，辛辣味浓。单株重700.0～900.0g。浙江省清明前后播种，11月中下旬可采收，亩产1500.0～2000.0kg。当地农民认为该品种辣味浓，姜香味较浓，口感脆。

【优异特性与利用价值】产量较高，根状茎辛辣味、姜香味较浓，纤维化程度低，品质较好。一般用作炒菜作料，可药用。

【濒危状况及保护措施建议】当地农户零星种植，面积约有20亩。但从种质资源保护利用角度考虑，建议异位妥善保存。

4 武义土姜

2018331104

【学　名】Zingiberaceae（姜科）Zingiber（姜属）Zingiber officinale（姜）。

【采集地】浙江省金华市武义县。

【主要特征特性】株型直立，株高84.2cm，株幅67.3cm，分枝数16.0个。地上茎绿色，茎粗1.1cm。叶披针形，绿色，长26.2cm，宽3.0cm；茎基部红色；根状茎单行排列，表皮光滑，皮色淡黄，4级分枝；子姜灯泡形，长4.6cm，粗2.4cm，肉色淡黄，辛辣味中等。单株重400.0g左右。田间表现中抗姜瘟病。浙江省清明前后播种，11月中下旬可采收。当地农民认为该品种辛辣味浓郁，块茎结实肥大。

【优异特性与利用价值】根状茎辛辣味中等，纤维化程度低，有香气，品质较好。可作为调味品。可作为姜育种材料。

【濒危状况及保护措施建议】当地少数农户零星种植，分布范围较窄，收集困难。建议异位妥善保存。

5 蟠姜

2018332401

【学 名】Zingiberaceae（姜科）Zingiber（姜属）Zingiber officinale（姜）。

【采集地】浙江省衢州市开化县。

【主要特征特性】株型半直立，株高93.5cm，株幅86.8cm，分枝数25.0个。地上茎绿色，茎粗约1.1cm。主茎叶片数31片，叶披针形，绿色，长25.8cm，宽2.9cm；茎基部紫红色；根状茎不规则排列，表皮微皱，皮色淡黄，6级分枝；子姜灯泡形，长5.6cm，粗2.9cm，肉色淡黄，辛辣味中等。单株重700.0~1000.0g。田间表现易感姜瘟病。浙江省清明前后播种，11月可采收，亩产1500.0~2000.0kg。当地农民认为该品种口感脆嫩，不抗病，易感姜瘟病，需要休耕或轮作。

【优异特性与利用价值】口感脆嫩，产量较高。鲜食，可作为调味品，也可腌制。可作为姜育种材料。

【濒危状况及保护措施建议】当地少数农户零星种植，分布范围较窄，收集困难。建议异位妥善保存。

6 开化生姜

2018332433

【学　名】Zingiberaceae（姜科）Zingiber（姜属）Zingiber officinale（姜）。
【采集地】浙江省衢州市开化县。

【主要特征特性】株型半直立，株高102.4cm，株幅83.6cm，分枝数22.0个。地上茎绿色，茎粗约1.0cm。主茎叶片数33片，叶披针形，绿色，长26.5cm，宽3.1cm；茎基部紫红色；根状茎以不规则排列为主，表皮微皱，皮色淡黄，6级分枝；子姜纺锤形，长5.5cm，粗2.5cm，肉色黄，辛辣味中等，口感较脆。单株重750.0～1000.0g。田间表现中抗姜瘟病。浙江省清明前后播种，11月中下旬可采收，亩产1000.0kg左右。

【优异特性与利用价值】产量较高，根状茎辛辣味中等，纤维化程度低，有香气。可作为调味品，具有药用保健作用。可作为姜育种材料。

【濒危状况及保护措施建议】当地少数农户零星种植，分布范围较窄，收集困难。建议异位妥善保存。

7 银坑姜

2018333253

【学　名】Zingiberaceae（姜科）*Zingiber*（姜属）*Zingiber officinale*（姜）。

【采集地】浙江省衢州市衢江区。

【主要特征特性】株型直立，株高82.1cm，株幅70.3cm，分枝数17.0个。地上茎绿色，茎粗1.1cm。主茎叶片数28片，叶披针形，浅绿色，长25.9cm，宽2.9cm；茎基部紫红色；根状茎单行排列，表皮光滑，皮色黄，5级分枝；子姜灯泡形，长5.3cm，粗3.5cm，肉色黄。单株重400.0~600.0g。浙江省清明前后播种，11月可采收，亩产1000.0kg左右。

【优异特性与利用价值】根状茎辛辣味中等，纤维化程度低，有香气，品质较好。可鲜食，可作为调味品。可作为姜育种材料。

【濒危状况及保护措施建议】当地少数农户零星种植，分布范围较窄，收集困难。建议异位妥善保存。

8 小连姜

2018333639

【学　名】Zingiberaceae（姜科）*Zingiber*（姜属）*Zingiber officinale*（姜）。

【采集地】浙江省台州市黄岩区。

【主要特征特性】株型半直立，株高65.7cm，株幅60.3cm，分枝数25.0个。地上茎绿色，茎粗0.9cm。主茎叶片数25片，叶披针形，浅绿色，长19.5cm，宽2.5cm；茎基部紫红色；根状茎不规则排列，表皮微皱，皮色淡黄，5级分枝；子姜纺锤形，长4.1cm，粗2.6cm，肉色淡黄。单株重500.0~700.0g。田间表现中抗姜瘟病。浙江省清明前后播种，11月中下旬可采收。当地农民认为该品种属于小姜种，香味浓郁，品质较好。

【优异特性与利用价值】根状茎辛辣味浓，香味浓郁，纤维化程度低，品质较好。可作为调味品。可作为姜育种材料。

【濒危状况及保护措施建议】当地少数农户零星种植，分布范围较窄，收集困难。建议异位妥善保存。

9 小连生姜
2018334256

【学　名】Zingiberaceae（姜科）Zingiber（姜属）Zingiber officinale（姜）。

【采集地】浙江省台州市仙居县。

【主要特征特性】株型直立，株高82.0cm，株幅59.2cm，分枝数27.0个。地上茎绿色，茎粗1.1cm。主茎叶片数28片，叶披针形，绿色，长25.1cm，宽3.4cm；茎基部紫红色；根状茎双行排列，表皮光滑，皮色淡黄，5级分枝；子姜灯泡形，长6.3cm，粗2.6cm，肉色淡黄。单株重600.0g左右。浙江省清明前后播种，霜降前可采收。当地农民认为该品种高产，辛香味浓郁，耐贮性好，易存放，具有祛寒除湿等功能。

【优异特性与利用价值】根状茎辛辣味浓，香味浓郁，抗虫、抗病性较好，耐贮藏。可作为调味品，可药用。

【濒危状况及保护措施建议】当地少数农户零星种植，分布范围较窄，收集困难。建议异位妥善保存。

10 安岭生姜

2018334352

【学　名】Zingiberaceae（姜科）*Zingiber*（姜属）*Zingiber officinale*（姜）。

【采集地】浙江省台州市仙居县。

【主要特征特性】株型直立，株高90.9cm，株幅82.4cm，分枝数22.0个。地上茎绿色，茎粗1.2cm。主茎叶片数26片，叶披针形，浅绿色，长26.6cm，宽3.4cm；茎基部紫红色；根状茎不规则排列，表皮光滑，皮色黄，5级分枝；子姜灯泡形，长6.0cm，粗3.6cm，肉色黄。单株产量600.0～1400.0g。田间表现姜瘟病抗性一般。浙江省清明前后播种，11月中下旬可采收。当地农民认为该品种肉质硬，辛辣味浓，瓣大。

【优异特性与利用价值】根状茎辛辣味浓，香味浓郁，纤维化程度低，品质较好。可鲜食，可腌制（去皮切小块后放入瓶中，加入酱油即可，腌制时间久一些更入味），可作为调味品。可作为姜育种材料。

【濒危状况及保护措施建议】当地少数农户零星种植，分布范围较窄，收集困难。建议异位妥善保存。

11 高楼生姜

2018335231

【学　名】Zingiberaceae（姜科）Zingiber（姜属）Zingiber officinale（姜）。
【采集地】浙江省温州市瑞安市。

【主要特征特性】株型直立，株高88.1cm，株幅85.2cm，分枝数27.0个。地上茎绿色，茎粗1.0cm。主茎叶片数29片，叶披针形，浅绿色，长25.2cm，宽3.2cm；茎基部紫红色；根状茎不规则排列，表皮微皱，皮色淡黄，5级分枝；子姜灯泡形，长5.9cm，粗2.9cm，肉色淡黄，辛辣味较浓。单株重800.0～1100.0g。田间表现中抗姜瘟病。浙江省清明前后播种，11月中下旬可采收，亩产2000.0～2500.0kg。当地农民认为该品种辣味足，味道浓，品质较好。

【优异特性与利用价值】产量较高，辛辣味较浓，有香气，品质较好。可作为调味品。可作为姜育种材料。

【濒危状况及保护措施建议】当地种植面积大约100亩，分布范围较窄。建议异位妥善保存。

12 五凤垟姜

P330304013

【学　名】Zingiberaceae（姜科）*Zingiber*（姜属）*Zingiber officinale*（姜）。

【采集地】浙江省温州市瓯海区。

【主要特征特性】株型直立，株高92.1cm，株幅83.5cm，分枝数32.0个。地上茎绿色，茎粗1.0cm。主茎叶片数30片，叶披针形，绿色，长26.6cm，宽3.1cm；茎基部紫红色；根状茎单行排列，表皮光滑，皮色淡黄，5级分枝；子姜灯泡形，长5.5cm，粗2.6cm，肉色淡黄，辛辣味中等。单株重800.0g左右。田间表现中抗姜瘟病。浙江省清明前后播种，11月中下旬可采收，亩产1000.0kg左右。当地农民认为该品种为地方品种，抗病、抗虫、耐热等。

【优异特性与利用价值】根状茎辛辣味中等，有香气，品质较好，中抗姜瘟病。可鲜食，可作为调味品。可作为姜育种材料。

【濒危状况及保护措施建议】当地少数农户零星种植，分布范围较窄，收集困难。建议异位妥善保存。

13 大门本地姜
P330305011

【学　名】Zingiberaceae（姜科）Zingiber（姜属）Zingiber officinale（姜）。
【采集地】浙江省温州市洞头县。

【主要特征特性】株型半直立，株高89.1cm，株幅74.6cm，分枝数16.0个。地上茎绿色，茎粗1.0cm。叶披针形，绿色，长23.4cm，宽2.6cm；茎基部紫红色；根状茎双行排列，表皮微皱，皮色淡黄，5级分枝；子姜灯泡形，长6.2cm，粗3.1cm，肉色黄，辛辣味强。单株重400.0～600.0g。浙江省清明前后播种，11月中下旬可采收。当地农民认为该品种表皮姜黄色，辣度高，味香，具有药用保健作用。

【优异特性与利用价值】根状茎辛辣味强，姜香味浓，纤维化程度低，品质较好。可作为调味品，可药用。可作为姜育种材料。

【濒危状况及保护措施建议】当地少数农户零星种植，分布范围较窄，收集困难。建议异位妥善保存。

14 陡门姜

P330324023

【学　名】Zingiberaceae（姜科）Zingiber（姜属）Zingiber officinale（姜）。

【采集地】浙江省温州市永嘉县。

【主要特征特性】株型半直立，株高75.3cm，株幅72.1cm，分枝数19.0个。地上茎绿色，茎粗0.9cm。叶披针形，绿色，长25.4cm，宽3.2cm；茎基部紫红色；根状茎不规则排列，表皮微皱，皮色淡黄，5级分枝；子姜纺锤形，肉色淡黄，辛辣味浓。单株重800.0～1000.0g。浙江省清明前后播种，11月中下旬可采收。当地农民认为该品种香味和辣味浓。

【优异特性与利用价值】根状茎辛辣味浓，有香气，品质较好。可作为调味品。可作为姜育种材料。

【濒危状况及保护措施建议】当地少数农户零星种植，分布范围较窄，收集困难。建议异位妥善保存。

15 岭北姜

P330324025

【学 名】Zingiberaceae（姜科）Zingiber（姜属）Zingiber officinale（姜）。
【采集地】浙江省温州市永嘉县。

【主要特征特性】株型半直立，株高80.2cm，株幅78.1cm，分枝数32.0个。地上茎绿色，茎粗1.1cm。主茎叶片数30片，叶披针形，绿色，长22.1cm，宽3.0cm；茎基部紫红色；根状茎不规则排列，表皮微皱，皮色淡黄，5级分枝；子姜纺锤形，肉色黄，辛辣味浓。单株重700.0～1200.0g。田间表现中抗姜瘟病。浙江省清明前后播种，11月上旬可采收。当地农民认为该品种个小、味香辣。

【优异特性与利用价值】耐热性较强，抗虫性好，适应性广，产量较高。根状茎辛辣味浓，有香气，品质较好，可作为调味品。可作为姜育种材料。

【濒危状况及保护措施建议】当地少数农户零星种植，分布范围较窄，收集困难。建议异位妥善保存。

16 吴山生姜

P330381019

【学　名】Zingiberaceae（姜科）Zingiber（姜属）Zingiber officinale（姜）。
【采集地】浙江省温州市瑞安市。

【主要特征特性】株型半直立，株高101.7cm，株幅73.1cm，分枝数24.0个。地上茎绿色，茎粗1.0cm。主茎叶片数32片，叶披针形，绿色，长27.3cm，宽3.2cm；茎基部紫红色；根状茎双行排列，表皮微皱，皮色淡黄，6级分枝；子姜纺锤形，长7.1cm，粗3.0cm，肉色黄，辛辣味中等，有香气。单株重700.0～1000.0g。田间表现中抗姜瘟病。浙江省清明前后播种，11月中下旬可采收。当地农民认为该品种高产，优质，具有解表散寒等药用功效。

【优异特性与利用价值】产量较高，耐热性强，抗虫性好，根状茎辛辣味中等，纤维化程度低，有香气，品质较好。可作为调味品，具有药用保健作用，可作为加工原料等。可作为姜育种材料。

【濒危状况及保护措施建议】当地种植面积较小，不易收集。从种质资源保护利用角度考虑，建议异位妥善保存。

17 红爪姜

P330482012

【学　名】Zingiberaceae（姜科）Zingiber（姜属）Zingiber officinale（姜）。

【采集地】浙江省嘉兴市平湖市。

【主要特征特性】株型半直立，株高107.8cm，株幅72.6cm，分枝数27.0个。地上茎绿色，茎粗0.8cm。主茎叶片数36片，叶披针形，绿色，长23.7cm，宽2.7cm；茎基部紫红色；根状茎不规则排列，表皮微皱，皮色淡黄，5级分枝；子姜纺锤形，肉色淡黄，辛辣味中等。单株重700.0～900.0g。田间表现中抗姜瘟病。浙江省清明前后播种，11月中下旬可采收，亩产1000.0kg左右。当地农民认为该品种肉质脆嫩，纤维含量低，味辛辣、鲜美，生食、熟食均可，具有药用保健作用。

【优异特性与利用价值】耐热性较强，中抗姜瘟病，产量较高。根状茎纤维化程度低，有香气，品质较好。可鲜食，可作为调味品。可作为姜育种材料。

【濒危状况及保护措施建议】当地少数农户零星种植，分布范围较窄，收集困难。建议异位妥善保存。

18 黄姜

P330624012

【学　名】Zingiberaceae（姜科）Zingiber（姜属）Zingiber officinale（姜）。

【采集地】浙江省绍兴市新昌县。

【主要特征特性】株型半直立，株高89.2cm，株幅74.0cm，分枝数22.0个。地上茎绿色，茎粗0.8cm。叶披针形，绿色，长25.8cm，宽3.0cm；茎基部紫红色；根状茎不规则排列，表皮微皱，皮色黄，6级分枝；子姜纺锤形，长5.2cm，粗2.6cm，肉色黄，辛辣味中等。单株重550.0～700.0g。田间表现中抗姜瘟病。浙江省清明前后播种，11月中下旬可采收。当地农民认为该品种喜阴，播种期不是很严格，不仅可以做菜，还是当地民间防治感冒的良药。

【优异特性与利用价值】耐热性较强，抗虫性好，适应性广，产量中等。根状茎辛辣味中等，纤维化程度低，有香气。可鲜食，可作为调味品。可以制作成各类蔬菜食品，也可以加工成药剂。

【濒危状况及保护措施建议】当地少数农户零星种植，分布范围较窄，收集困难。建议异位妥善保存。

19 东阳本地姜

P330783028

【学　名】Zingiberaceae（姜科）Zingiber（姜属）Zingiber officinale（姜）。

【采集地】浙江省金华市东阳市。

【主要特征特性】株型半直立，株高104.7cm，株幅78.3cm，分枝数18.0个。地上茎绿色，茎粗1.0cm。主茎叶片数33片，叶披针形，绿色，长26.4cm，宽2.9cm；茎基部紫红色；根状茎双行排列，表皮微皱，皮色淡黄，5级分枝；子姜灯泡形，长6.1cm，粗3.3cm，肉色淡黄，辛辣味中等。单株重500.0～700.0g。浙江省清明前后播种，10月中下旬可采收。

【优异特性与利用价值】耐热性较强，抗虫性好，适应性广。根状茎辛辣味中等，纤维化程度低，有香气，品质较好。可作为调味品，可以制作成各类蔬菜食品，也可以加工成药剂。

【濒危状况及保护措施建议】当地少数农户零星种植，分布范围较窄，收集困难。建议异位妥善保存。

20 五指岩生姜

P330784007

【学　名】Zingiberaceae（姜科）Zingiber（姜属）Zingiber officinale（姜）。

【采集地】浙江省金华市永康市。

【主要特征特性】株型半直立，株高103.4cm，株幅85.7cm，分枝数12.0个。地上茎绿色，茎粗1.1cm。主茎叶片数37片，叶披针形，绿色，长27.0cm，宽3.0cm；茎基部紫红色；根状茎以单行排列为主，表皮光滑，皮色淡黄，5级分枝；子姜灯泡形，长6.6cm，粗3.3cm，肉色淡黄，辛辣味中等。单株重800.0～1500.0g。田间表现中抗姜瘟病。浙江省清明前后播种，11月中下旬可采收，亩产2000.0kg左右。当地农民认为该品种高产、优质、耐涝、可食用、有药用保健作用，可作为加工原料。

【优异特性与利用价值】耐热性较强，中抗姜瘟病，抗虫性好。根状茎辛辣味中等，纤维化程度低，有香气，品质较好。可鲜食，可作为调味品，具有药用保健作用。

【濒危状况及保护措施建议】当地少数农户零星种植，在当地知名度较高。建议异位妥善保存。

21 黄岩本地姜

P331003003

【学　名】Zingiberaceae（姜科）Zingiber（姜属）Zingiber officinale（姜）。

【采集地】浙江省台州市黄岩区。

【主要特征特性】株型半直立，株高67.0cm，株幅49.2cm，分枝数26.0个。地上茎绿色，茎粗1.0cm。主茎叶片数25片，叶披针形，浅绿色，长18.9cm，宽2.7cm；茎基部紫红色；根状茎不规则排列，表皮微皱，皮色淡黄，5级分枝；子姜纺锤形，长4.4cm，粗2.4cm，肉色黄。单株重500.0g左右。浙江省清明前后播种，11月中下旬可采收。当地农民认为该品种优质，抗病，抗虫，香味浓郁，较辣。

【优异特性与利用价值】根状茎辛辣味浓，香味浓郁，品质较好。可作为调味品。可作为姜育种材料。

【濒危状况及保护措施建议】当地少数农户零星种植，分布范围较窄，收集困难。建议异位妥善保存。

22 小种姜
P331023023　【学　名】Zingiberaceae（姜科）Zingiber（姜属）Zingiber officinale（姜）。
　　　　　　　【采集地】浙江省台州市天台县。

【主要特征特性】株型半直立，株高102.3cm，株幅91.2cm，分枝数27.0个。地上茎绿色，茎粗1.1cm。主茎叶片数34片，叶披针形，黄绿色，长26.1cm，宽3.3cm；茎基部紫红色；根状茎双行排列，表皮微皱，皮色淡黄，5级分枝；子姜纺锤形，长5.9cm，粗3.2cm，肉色淡黄，辛辣味中等，单株重800.0～1100.0g。田间表现中抗姜瘟病。浙江省4月中上旬播种，10月中下旬至11月采收。当地农民认为该品种优质，具有甜脆味，适应性强。

【优异特性与利用价值】产量较高，中抗姜瘟病，适应性强，有香气，品质较好。可作为调味品。可作为姜育种材料。

【濒危状况及保护措施建议】当地少数农户零星种植，分布范围较窄，收集困难。建议异位妥善保存。

23 缙云土生姜

P331122012

【学 名】Zingiberaceae（姜科）Zingiber（姜属）Zingiber officinale（姜）。

【采集地】浙江省丽水市缙云县。

【主要特征特性】生长势中等，株型直立。株高128.7cm，株幅85.7cm，分枝能力中等，平均21.0个。地上茎绿色，茎粗约1.1cm。主茎叶片数47片，叶披针形，绿色，长27.3cm，宽2.9cm；茎基部紫红色；根状茎不规则排列，表皮光滑，皮色淡黄，5级分枝；子姜灯泡形，长6.3cm，粗3.3cm，肉色黄，辛辣味中等，有香气。单株重800.0～1200.0g。浙江省清明前后播种，10月中下旬可采收。当地农民认为该品种高产，优质，抗病，抗虫，抗旱，具有药用保健作用等。

【优异特性与利用价值】耐热性较强，抗虫性好，适应性广，产量较高。根状茎辛辣味中等，纤维化程度低，有香气，品质较好。可作为调味品，具有药用保健作用，可作为加工原料等。

【濒危状况及保护措施建议】当地种植面积较大，容易收集。建议异位妥善保存。

24 三都姜

P331124006

【学　名】Zingiberaceae（姜科）Zingiber（姜属）Zingiber officinale（姜）。

【采集地】浙江省丽水市松阳县。

【主要特征特性】株型半直立，株高123.5cm，株幅91.2cm，分枝数26.0个。地上茎绿色，茎粗1.1cm。主茎叶片数35片，叶披针形，绿色，长27.1cm，宽2.6cm；茎基部紫红色；根状茎不规则排列，表皮较光滑，皮色淡黄，6级分枝；子姜纺锤形，长6.2cm，粗3.5cm，肉色黄白，辛辣味较强。单株重800.0～1000.0g。田间表现高感姜瘟病。浙江省清明前后播种，11月中下旬可采收。当地农民认为该品种球数较多，排列紧密，节间较短，姜肉黄白色，纤维较多，姜味较浓，质地优良。

【优异特性与利用价值】耐热性较强，抗虫性好。根状茎辛辣味较强，有香气，品质较好。可作为调味品。可作为姜育种材料。

【濒危状况及保护措施建议】分布范围较窄。建议异位妥善保存。

第四节　蘘荷种质资源

1 荷姜
2017331009
【学　名】Zingiberaceae（姜科）Zingiber（姜属）Zingiber mioga（蘘荷）。
【采集地】浙江省杭州市淳安县。

【主要特征特性】喜阴，株型直立，生长势中等。株高80.2cm，茎粗1.3cm，茎秆基部绿色，有细小茸毛；叶绿色，披针形，长29.3cm，宽6.7cm，叶背有茸毛；花苞紫红色，花瓣浅黄色，芽苞长7.4cm，粗3.0cm；浙江省内栽培出苗期3月中旬，芽苞形成期9月上旬，最佳采收期10月初。田间表现耐热性强。当地农民认为该品种香味浓，口感好，具有药用保健作用。

【优异特性与利用价值】花苞较大，抗病性好。菜用，可凉拌等，具有药用保健作用。

【濒危状况及保护措施建议】当地少数农户零星种植，收集困难。建议异位妥善保存，扩大种植面积。

2 景宁山姜

P331127003

【学 名】Zingiberaceae（姜科）Zingiber（姜属）Zingiber mioga（蘘荷）。

【采集地】浙江省丽水市景宁畲族自治县。

【主要特征特性】喜阴，株型直立，生长势中等。株高86.3cm，茎粗1.0cm，茎秆基部深绿色，有细小茸毛；叶绿色，披针形，长22.1cm，宽6.4cm，叶背有茸毛；花苞紫褐色，花瓣浅黄色，顶尖黄色，芽苞长6.1cm，粗2.4cm；浙江省内栽培出苗期3月中旬，芽苞形成期10月上旬，最佳采收期10月中旬，亩产约200.0kg。田间表现耐热性中等，易感炭疽病。当地农民认为该品种香味浓、口感好，品质优。

【优异特性与利用价值】晚熟品种，花期长。菜用，可凉拌等，具有药用保健作用。

【濒危状况及保护措施建议】当地少数农户零星种植，收集困难。建议异位妥善保存，扩大种植面积。

3 莲花菜

2018334458

【学　名】Zingiberaceae（姜科）Zingiber（姜属）Zingiber mioga（襄荷）。

【采集地】浙江省杭州市临安市。

【主要特征特性】喜阴，株型半直立，生长势中等。株高71.2cm，茎粗0.9cm，茎秆基部绿色，有细小茸毛；叶绿色，披针形，长28.2cm，宽6.2cm，叶背有茸毛；花苞紫红色，花瓣黄色，顶尖黄色，芽苞长5.2cm，粗2.0cm；浙江省内栽培出苗期3月上旬，芽苞形成期9月中下旬，最佳采收期9月下旬至10月上旬。田间表现耐热性强。当地农民认为该品种香味浓，口感好，具有药用保健作用。

【优异特性与利用价值】采收较早，花期长。菜用，可凉拌等，具有药用保健作用。可作为早熟栽培品种。

【濒危状况及保护措施建议】当地少数农户零星种植，收集困难。建议异位妥善保存，扩大种植面积。

4 野生姜

P330521017

【学　名】Zingiberaceae（姜科）Zingiber（姜属）Zingiber mioga（蘘荷）。

【采集地】浙江省湖州市德清县。

【主要特征特性】喜阴，株型半直立，生长势一般。株高70.1cm，茎粗1.1cm，茎秆基部绿色，有细小茸毛；叶绿色，披针形，长25.3cm，宽5.5cm，叶背有茸毛；花苞青紫色，花瓣黄色，顶尖黄色，芽苞长5.8cm，粗2.2cm；浙江省内栽培出苗期3月中旬，芽苞形成期9月上旬，最佳采收期9月中下旬至10月初。田间表现耐热性一般。当地农民认为该品种口感好，优质。

【优异特性与利用价值】优质，采收较早，花期长。菜用，可凉拌等，具有药用保健作用。

【濒危状况及保护措施建议】当地少数农户零星种植，收集困难。建议异位妥善保存，扩大种植面积。

5 云和山姜

P331125013

【学　名】Zingiberaceae（姜科）Zingiber（姜属）Zingiber mioga（蘘荷）。

【采集地】浙江省丽水市云和县。

【主要特征特性】喜阴，株型直立，生长势较强。株高113.5cm，茎粗1.1cm，茎秆基部绿色，有细小茸毛；叶绿色，披针形，长33.2cm，宽6.2cm，叶背有茸毛；花苞深紫红色，花瓣浅黄色，芽苞长6.3cm，粗2.5cm；浙江省内栽培出苗期3月中旬，芽苞形成期10月初，最佳采收期10月中旬。田间表现耐热性强，抗性较好。当地农民认为该品种品质优，口感好。

【优异特性与利用价值】晚熟品种，花期长，花苞大，产量高。菜用，可凉拌等，具有药用保健作用。

【濒危状况及保护措施建议】当地少数农户零星种植，收集困难。建议异位妥善保存，扩大种植面积。

第五节　薤白种质资源

1 宁海薤白
2017333090

【学　名】Liliaceae（百合科）*Allium*（葱属）*Allium macrostemon*（薤白）。

【采集地】浙江省宁波市宁海县。

【主要特征特性】多年生草本植物。全株兼具韭香味和蒜香味。株高约40.0cm，株幅约13.0cm，叶片基生，4片或5片。叶鞘白色，相抱合形成假茎，长约8.0cm，粗约4.0mm。叶身三棱状，中空，绿色，上面具纵向沟槽，下垂，长约40.0cm，宽约4.0mm。鳞茎基部近球形，奶白色，有浅纵皱纹，外皮略带淡黄棕色，直径约2.0cm，3～5枚聚生。8月抽薹开花。伞形花序，花葶绿色，长约40.0cm，粗约3.0mm。圆锥形总苞内有两性小花50余朵，花冠、花瓣和雄蕊均为粉白色，矩圆状披针形花瓣6片，雄蕊6枚。采用鳞茎进行繁殖，一个鳞茎第二年可以分出3～5个鳞茎。

【优异特性与利用价值】野生资源。鳞茎作为蔬菜食用。

【濒危状况及保护措施建议】收集困难。建议异位妥善保存，扩大种植面积。

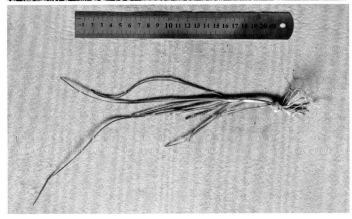

第六节 薤头种质资源

1 苍南薤头
2017335026

【学　名】Liliaceae（百合科）*Allium*（葱属）*Allium chinense*（薤头）。

【采集地】浙江省温州市苍南县。

【主要特征特性】多年生草本植物。全株兼具葱香味和蒜香味。株高约40.0cm，株幅约30.0cm，叶片基生，约6片。叶鞘白绿色略带紫红色，相抱合形成假茎，长6.0～8.0cm，粗约5.0mm。叶身扁圆细管形，空心，灰绿色，表面有一定的蜡粉，半下垂，长约40.0cm，宽约5.0mm。鳞茎基部狭卵形，奶白色，外皮稍带紫红色，长约3.0cm，粗1.5～2.5cm，3～5枚聚生。8月抽薹开花。伞形花序，花葶绿色，长约40.0cm，粗约3.0mm。圆锥形总苞内有两性小花10～20朵，花冠、花瓣和雄蕊均为紫红色，椭圆形花瓣6片，雄蕊6枚，开花不结籽。采用鳞茎进行繁殖，一个鳞茎第二年可以分出3～5个鳞茎。

【优异特性与利用价值】地方品种。鳞茎供食用。

【濒危状况及保护措施建议】常见资源，建议异位收集保存。

第七节　韭种质资源

1 漠川韭菜

P330127047

【学　名】Liliaceae（百合科）*Allium*（葱属）*Allium tuberosum*（韭）。
【采集地】浙江省杭州市淳安县。

【主要特征特性】多年生宿根草本植物。株高约23.0cm。叶绿色，线形，实心，扁平，叶片横切面"V"形，全叶缘，无蜡粉，光泽中等，长约23.0cm，宽约5.0mm。茎圆柱状，外皮暗黄绿色略带紫红色，长约4.5cm，粗约5.0mm。8～10月开花结果。伞形花序，花葶绿色，长约45.0cm，粗约5.0mm。圆锥形总苞内有两性小花20～30朵，花冠白色，花瓣6片，雄蕊6枚，子房上位，异花授粉。果实为蒴果，子房3室，每室内有胚珠2枚。种子黑色，盾形，千粒重约4.0～5.0g。采用种子繁殖。

【优异特性与利用价值】地方品种。嫩茎叶可作为蔬菜食用。

【濒危状况及保护措施建议】常见资源，建议异位收集保存。

2 石韭

【学 名】Liliaceae（百合科）*Allium*（葱属）*Allium hookeri*（宽叶韭）。

2018332004 【采集地】浙江省丽水市景宁畲族自治县。

【主要特征特性】多年生草本植物。叶簇直立，丛生，株高约25.0cm，株幅16.0～20.0cm。假茎圆柱状，白绿色，长约5.0cm，粗约7.0mm。单株有4片或5片叶，叶片绿色，无蜡粉，线形扁平带状，宽大肥厚，长约25.0cm，宽0.8～1.0cm，叶中脉明显，呈三棱形，叶尖尖圆，叶端向上或略下垂。花果期8～10月。花葶圆柱状、绿色，高约45.0cm。伞形花序近球状，直径约4.0cm，由多个小白花组成。种子黑色，半圆形，略扁，长、宽各约2.0mm，一面凸起，另一面微凹。采用种子或根茎繁殖。

【优异特性与利用价值】地方品种。嫩茎叶可作为蔬菜食用。

【濒危状况及保护措施建议】当地农户零星种植，建议异位收集保存。

第 五 章

浙江省其他特色蔬菜种质资源

第一节　黄花菜种质资源

1 赤岸黄花菜
p330782020

【学　名】Liliaceae（百合科）Hemerocallis（萱草属）Hemerocallis citrina（黄花菜）。
【采集地】浙江省金华市义乌市。

【主要特征特性】多年生草本，株高约70.0cm。叶基生，主分蘖叶数约10片，绿色，狭长带状，长约55.0cm，宽约2.0cm，全缘。5～7月开花结果，花葶长约1.0m，一个花葶上部约分枝结10个花蕾。花蕾细长条状，外表橙黄色，蕾尖绿色，长约6.0cm，粗约9.0mm。花开后呈漏斗形，花瓣深6裂，深黄色，花蕊橙色，直径约7.0cm。蒴果，椭圆形，黑褐色。根簇生，肉质，膨大成纺锤形。很少结蒴果，常采用分株繁殖。

【优异特性与利用价值】野生资源。嫩花蕾可作为蔬菜食用。

【濒危状况及保护措施建议】常见资源，建议异位收集保存。

2 屏门黄花菜

P330127074

【学　名】Liliaceae（百合科）*Hemerocallis*（萱草属）*Hemerocallis citrina*（黄花菜）。
【采集地】浙江省杭州市淳安县。

【主要特征特性】多年生草本，高约1.0m。叶基生，主分蘖叶数约10片，绿色，狭长带状，长约80.0cm，宽约1.8cm，全缘。花果期5~9月。花薹长约1.0m，一个花薹上部约分枝结10个花蕾。花蕾细长条状，外表黄绿色，蕾尖褐色，长约7.0cm，粗约9.0mm。花开后呈漏斗形，花瓣深6裂，花瓣和花蕊均为黄色，直径约7.0cm。蒴果，椭圆形，黑褐色。根簇生，肉质，膨大成纺锤形。很少结蒴果，常采用分株繁殖。

【优异特性与利用价值】野生资源。嫩花蕾可作为蔬菜食用。

【濒危状况及保护措施建议】常见资源，建议异位收集保存。

第二节 芫荽种质资源

1 文成芫荽
P330328003

【学 名】Umbelliferae（伞形科）Coriandrum（芫荽属）Coriandrum sativum（芫荽）。
【采集地】浙江省温州市文成县。

【主要特征特性】一年生或二年生草本，无毛刺，香味浓，株高25.0～30.0cm。茎和叶柄均为绿色，圆柱形，有纵向凹陷条纹，中空。茎直立。叶绿色，互生，每个叶片为一至二回羽状全裂的三出复叶，小叶片圆扇形，长、宽各约1.5m，叶缘羽状深裂。基生叶有叶柄，浅绿色，长约10.0cm，粗约3.0mm。叶柄基部有白绿色叶鞘抱茎。花果期4～6月。伞形花序顶生或与叶对生，花序梗长约20.0cm；伞幅约4.0cm；小伞形花序有9朵小花，花瓣白色，倒卵形。果实褐色，圆球形，表面有凸起纵棱。采用种子繁殖。
【优异特性与利用价值】地方品种。嫩茎叶可作为蔬菜食用。
【濒危状况及保护措施建议】常见资源，建议异位收集保存。

第三节 菠菜种质资源

1 漠川菠菜
P330127021

【学 名】Chenopodiaceae（藜科）*Spinacia*（菠菜属）*Spinacia oleracea*（菠菜）。

【采集地】浙江省杭州市淳安县。

【主要特征特性】二年生草本植物。直立生长。商品期株高约25.0cm，株幅20.0～25.0cm。叶数12片左右，互生。叶深绿色，基部戟形、先端尖，呈戟形，长约13.0cm，宽约7.0cm，叶面稍皱、无毛，全缘，有1～3个叶裂。叶柄淡绿色，中间具纵向凹陷条纹，中空，长约15.0cm，粗约5.0mm。主根肉质，略带粉红色。花果期3～5月。雌株和雄株比例各约40.0%和55.0%。花苞浅绿色，直径约5.0mm。胞果灰褐色，菱形带尖，长约7.0mm。采用种子繁殖。

【优异特性与利用价值】地方品种。嫩茎叶可作为蔬菜食用。

【濒危状况及保护措施建议】常见资源，建议异位收集保存。

2 李宝菠菜

2018332088

【学　名】Chenopodiaceae（藜科）*Spinacia*（菠菜属）*Spinacia oleracea*（菠菜）。

【采集地】浙江省丽水市景宁畲族自治县。

【主要特征特性】二年生草本植物。直立生长。商品期株高约25.0cm，株幅约25.0cm。叶数12片左右，互生。叶深绿色，基部楔形、先端尖，呈卵形，长约12.0cm，宽约8.0cm，叶面稍皱、无毛，全缘，有1～3个叶裂。叶柄淡绿色，中间具纵向凹陷条纹，中空，长约15.0cm，粗约5.0mm。主根肉质，略带粉红色。花果期3～5月。雌株和雄株比例各约40.0%和40.0%。花苞浅绿色，直径约5.0mm。胞果灰褐色，扁圆形，直径约5.0mm。采用种子繁殖。

【优异特性与利用价值】地方品种。嫩茎叶可作为蔬菜食用。

【濒危状况及保护措施建议】常见资源，建议异位收集保存。

第四节　秋葵种质资源

1 开化羊角豆

P330824030

【学　名】Malvaceae（锦葵科）*Abelmoschus*（秋葵属）*Abelmoschus esculentus*（咖啡黄葵）。

【采集地】浙江省衢州市开化县。

【主要特征特性】一年生草本植物。株高约130.0cm，株幅约110.0cm，茎粗约4.0cm。茎秆绿色底色上略带浅红褐色，总状分枝，圆柱形，表面有纵向凸棱和少量白色硬毛。叶片绿色，掌状，较深5裂，长、宽各20.0～25.0cm。叶柄长15.0～30.0cm，粗约1.0cm。花期5～9月。花单生于叶腋间，花梗长2.0～5.0cm，疏被硬毛。完全花，呈圆盘，直径5.0～7.0cm，由5个花瓣单层排列组成。花瓣倒卵形，长4.0～5.0cm，浅黄色，内面基部紫褐色。蒴果绿色，表面有较明显的凸棱，长羊角状，长10.0～13.0cm，粗约3.0cm，顶端具长喙。种子黑褐色，近球形，直径约4.0mm。采用种子繁殖。

【优异特性与利用价值】地方品种。嫩果可作为蔬菜食用。

【濒危状况及保护措施建议】常见资源，建议异位收集保存。

2 苍南野秋葵

2017335075

【学　名】Malvaceae（锦葵科）*Abelmoschus*（秋葵属）*Abelmoschus manihot*（黄蜀葵）。
【采集地】浙江省温州市苍南县。

【主要特征特性】一年生草本植物。株高约120.0cm，株幅约90.0cm，茎粗约3.8cm。茎秆绿色夹带红褐色，总状分枝，圆柱形，表面有纵向凸棱和少量白色粗硬毛。叶片绿色，掌状，深9裂，长、宽各20.0～25.0cm。叶柄长10.0～15.0cm，粗约1.0cm。花期5～9月。花单生于叶腋间，花梗长3.0～5.0cm，被糙硬毛。完全花，呈圆盘，直径约5.0cm，由5个花瓣单层排列组成。花瓣倒卵形，长4.0～5.0cm，浅黄色，内面基部紫褐色。蒴果绿色，表面有较明显的凸棱而且密生白色硬刚毛，长圆锥状，长约6.0cm，粗约3.0cm，顶端具尖喙。种子黑褐色，近球形，直径约3.0mm。采用种子繁殖。

【优异特性与利用价值】野生资源。嫩花可以食用。

【濒危状况及保护措施建议】收集困难。建议异位妥善保存，扩大种植面积。

第五节　苦荬菜种质资源

1 龙泉苦荬菜

P331181026

【学　名】Asteraceae（菊科）*Ixeris*（苦荬菜属）*Ixeris polycephala*（苦荬菜）。

【采集地】浙江省丽水市龙泉市。

【主要特征特性】多年生草本植物，直立。株高约250.0cm，株幅约70.0cm。茎绿色，圆柱形。叶绿色，细长，叶面无毛、光泽中等，叶端尖，长约30.0cm，宽约6.0cm，叶缘无裂刻，叶片中央具有一条明显为浅绿色的主脉，几乎无叶柄。叶腋9～11月开花结籽。头状花序沿枝顶端排列成总状圆锥花序。花直径约2.0cm，带有花柄，浅黄色，含有20多个小花舌，花舌片长约1.0cm，宽约2.0mm。瘦果黑褐色，扁，长卵圆形，长约4.0mm，宽约1.0mm，每个瘦果带有一根长约6.0mm的乳头状白色小冠毛。采用种子繁殖。

【优异特性与利用价值】地方品种。嫩茎叶可作为蔬菜食用。

【濒危状况及保护措施建议】常见，异位收集保存。

2 苍南苦荬菜

2017335045

【学　名】Asteraceae（菊科）*Ixeris*（苦荬菜属）*Ixeris polycephala*（苦荬菜）。

【采集地】浙江省温州市苍南县。

【主要特征特性】多年生草本植物，直立。株高约150.0cm，株幅约70.0cm。茎绿色，圆柱形。叶绿色，叶面无毛、光泽中等，长约40.0cm，宽约20.0cm，两边叶缘锯齿形深裂，叶端较尖，叶片中央具有一条明显为浅绿色的主脉，几乎无叶柄。叶腋9~11月开花结籽。头状花序沿枝顶端排列成总状圆锥花序。花直径约2.0cm，带有花柄，浅黄色，含有20多个小花舌，花舌片长约1.0cm，宽约2.0mm。瘦果黑褐色，扁，长卵圆形，长约4.0mm，宽约1.0mm，每个瘦果带有一根长约6.0mm的乳头状白色小冠毛。采用种子繁殖。

【优异特性与利用价值】地方品种。嫩茎叶可作为蔬菜食用。

【濒危状况及保护措施建议】常见，异位收集保存。

第六节　人参菜种质资源

1 义乌人参菜
P330782014

【学　名】Talinaceae（土人参科）*Talinum*（土人参属）*Talinum paniculatum*（土人参）。

【采集地】浙江省金华市义乌市。

【主要特征特性】多年生草本。株高30.0～50.0cm，无毛。嫩茎绿色，脆嫩，无毛。茎直立，分枝性强，基部稍木质化，棕褐色。叶近对生，螺旋状排列，叶片肉质，油绿色，长卵圆形，全缘，长约7.0cm，宽约4.0cm，先端具小短尖头，近无叶柄。花期6～7月，果期8～9月。花序顶生，二叉状分枝，花梗长，花直径约7.0mm，花瓣5片，椭圆形，淡紫红色；雄蕊黄色突出，有15～20枚。蒴果近球形，直径约4.0mm，具3瓣裂。种子扁圆形，直径约1.0mm，油亮发黑。采用种子或扦插繁殖。

【优异特性与利用价值】野生资源。观赏或嫩茎叶作为蔬菜食用。

【濒危状况及保护措施建议】资源稀少，建议给予种质圃保护。

第七节　木耳菜种质资源

1 淳安木耳菜
P330127068

【学　名】Basellaceae（落葵科）*Basella*（落葵属）*Basella alba*（落葵）。
【采集地】浙江省杭州市淳安县。

【主要特征特性】一年生缠绕草本植物。肉质茎，无毛，绿色，圆柱形略带凸棱，粗约6.0mm，长可达数米。叶近圆形，无毛，油绿色，宽约7.0cm，顶端渐尖，基部微心形，叶脉略凹陷致叶表面皱缩，全叶缘。叶柄绿色，长2.0～4.0cm，粗约5.0mm。5～9月开花，7～10月结果。穗状花序腋生，花苞尖桃形，宽约7.0mm，淡粉红色苞片4～6个。果实扁球形，宽约7.0mm，油黑发亮。采用种子繁殖。
【优异特性与利用价值】地方品种。嫩茎叶及根可以食用。
【濒危状况及保护措施建议】常见。种子可自然越冬，春天发芽。

第八节　蒲公英种质资源

1 磐安蒲公英
2018333402

【学　名】Asteraceae（菊科）*Taraxacum*（蒲公英属）*Taraxacum mongolicum*（蒲公英）。
【采集地】浙江省金华市磐安县。

【主要特征特性】多年生草本植物，全株口感苦，根、茎、叶含有白色汁液。茎短缩，密生10～20片叶，叶绿色、倒披针形、无毛、叶面光泽中等，叶长15.0～20.0cm，叶宽2.5～4.0cm，先端钝尖；叶边缘具波状齿或羽状深裂，每侧裂齿3～5个；叶柄背面带有蛛丝状白色柔毛，长5.0～10.0mm，粗5.0～8.0mm；叶柄和主叶脉绿色带红紫色。花果期5～6月。花葶3～10个，高10.0～25.0cm，浅紫红色，密被蛛丝状白色长柔毛；每个花葶具有一个圆盘头状花序，直径约4.0cm，由复轮舌状花组成，花舌片黄色，外围花舌片长约1.0cm，宽约1.5mm。瘦果暗褐色，针状倒卵形，长3.0～4.0mm，粗约1.0mm，每个瘦果带有一根长约6.0mm的白色冠毛。根圆锥状，表面棕褐色，以主根为主，带有少量分根；主根长10.0～15.0cm，粗1.0～2.0cm。采用种子繁殖。

【优异特性与利用价值】野生资源。嫩茎叶可作为蔬菜食用。

【濒危状况及保护措施建议】收集困难。建议搜集种植，妥善保存。

第九节　野茼蒿种质资源

1 磐安野茼蒿

【学　名】Asteraceae（菊科）*Crassocephalum*（野茼蒿属）*Crassocephalum crepidioides*（野茼蒿）。

2018333448

【采集地】浙江省金华市磐安县。

【主要特征特性】多年生草本植物，直立。株高30.0～120.0cm。茎近圆柱形，带有纵条棱，嫩茎绿色，老茎略带褐色，分枝多。叶绿色，椭圆形，无毛，叶面光泽中等，叶长约10.0cm，叶宽约3.5cm，顶端尖圆，叶缘有不规则锯齿，叶片基部有羽状不规则裂叶，每边1～3片。叶柄圆柱形，带细条棱，长2.0～2.5cm，粗2.0～5.0mm。叶柄和叶背略带紫红色，并且有少量蛛丝状白色柔毛。8～10月开花结籽。数个圆盘头状花序呈伞状排列在茎端。每个花序由数个红褐色管状小花排列成钟状花，花葶绿色，易弯曲。瘦果黑褐色，线状披针形，长约3.0mm，宽0.5～1.0mm，每个瘦果带有一根长约6.0mm的乳头状白色小冠毛。瘦果和冠毛组成一个直径约3.0cm的圆球。采用种子繁殖。

【优异特性与利用价值】野生资源。嫩茎叶可作为蔬菜食用。

【濒危状况及保护措施建议】野生状态，山林中常见。

第十节 马兰种质资源

1 德清马兰
P330521007

【学　名】Asteraceae（菊科）*Aster*（紫菀属）*Aster indicus*（马兰）。

【采集地】浙江省湖州市德清县。

【主要特征特性】多年生草本植物。茎半直立，株高15.0～30.0cm，分枝多。茎粗5.0mm左右，绿色略带紫红色。单叶互生，叶深绿色，叶面光泽中等，叶顶尖呈披针形，每边叶缘2或3个锯齿，叶长约8.0cm，叶宽约2.0cm；叶柄绿色略带紫红色，长1.0～3.0cm，粗约3.0mm，自下向上叶柄长度逐渐缩短。8～10月开花，圆盘头状花序单生于枝端，直径约3.0cm，具单轮舌状花，花舌片浅紫色，有15片左右，长约10.0mm，宽约2.0mm；中部黄色管状花密集成蜂窝状扁平圆盘。开花不结籽。分枝性强，而且叶节处碰土即生根，一般采用分株繁殖。

【优异特性与利用价值】野生资源。嫩茎叶可作为蔬菜食用。

【濒危状况及保护措施建议】野生状态，山林中常见。

第十一节 鱼腥草种质资源

1 景宁鱼腥草

P330521006

【学 名】Saururaceae（三白草科）Houttuynia（蕺菜属）Houttuynia cordata（蕺菜）。
【采集地】浙江省湖州市德清县。

【主要特征特性】多年生草本。株高约30.0cm，全株接触会散发腥臭味。地上部茎绿色略带紫红色，下部茎匍匐，上部茎近直立，茎节处易生不定根。地下部根状茎白色、细长，横向延伸。叶互生，全缘，心形，长约6.0cm，宽4.0～5.0cm，嫩叶绿色，老叶微带紫红色。叶柄绿色略带紫红色，长3.0～5.0cm，粗约5.0mm。基部叶与叶柄连合成鞘状。花期5～7月，白绿色穗状花序生于茎上端，与叶对生，长3.0～5.0cm，粗约1.0cm。基部有4片白色倒卵形花瓣状总苞，长约2.0cm，宽约1.0cm。分枝性强，而且叶节处碰土即生根，一般采用分株繁殖。

【优异特性与利用价值】野生资源。嫩茎叶及根可以食用。

【濒危状况及保护措施建议】野生状态，山林中常见。

第十二节　乌饭树种质资源

1 乌饭树　【学　名】Ericaceae（杜鹃花科）*Vaccinium*（越橘属）*Vaccinium bracteatum*（南烛）。
P330281027　【采集地】浙江省宁波市余姚市。

【主要特征特性】野生资源，生长于山坡、路旁或灌木丛中，为常绿树种。乌饭树夏日
叶色翠绿，秋季叶色微红，萌发力强，喜光，耐旱，耐瘠薄。叶片薄革质，椭圆形、
菱状椭圆形、披针状椭圆形至披针形。总状花序顶生和腋生，有多朵花，花冠白色，
筒状，有时略呈坛状，长5.0～7.0mm。浆果直径5.0～8.0mm，熟时紫黑色，花期6～7
月，果期8～10月。春季采用扦插或播种繁殖。

【优异特性与利用价值】乌饭树叶可捣汁做乌饭，浆果可食用，根可药用，植株有观赏
价值，可制作盆景。浙江省宁波市、杭州市和丽水市等地区有立夏采集乌饭树嫩叶捣
汁蒸乌饭食用的习俗。立夏时节，有农户采摘嫩叶销往附近城市以供市民做乌饭，人
们认为乌饭清香可口，食用后蚊虫不易叮咬。

【濒危状况及保护措施建议】乌饭树在浙江省宁波市、杭州市和丽水市等地均有分布，
主要生长于山坡、路旁或灌木丛中。常见资源。

第十三节　观音柴种质资源

1 观音柴

P330726012

【学　名】Lamiaceae（唇形科）*Premna*（豆腐柴属）*Premna microphylla*（豆腐柴）。

【采集地】浙江省金华市浦江县。

【主要特征特性】直立灌木，叶揉之有臭味，椭圆形，可制作豆腐。观音柴叶片营养丰富，富含果胶，可用于果胶提取，也可作为绿色食品的原料。观音柴为野生灌木，以叶片为主要产品器官，具有高产、耐热、耐贫瘠的特性。

【优异特性与利用价值】观音柴（又名豆腐柴）叶片的浸出液可制作观音豆腐，观音豆腐为浦江县三大传统消暑凉品之一。观音柴叶的营养价值较高，与常见蔬菜的营养成分相比，粗脂肪含量远高于青菜和菠菜，粗纤维含量远高于苋菜，果胶含量尤其丰富，几乎是山楂的3倍。鲜叶中的维生素C、叶绿素的含量远高于菠菜，可溶性糖的含量高于小白菜，氨基酸含量接近于芦笋。研究采用高效液相色谱法对野生观音柴叶中氨基酸组成和含量进行测定，发现观音柴叶中含有18种氨基酸，其中必需氨基酸占氨基酸总量的32.4%。观音柴叶颜色翠绿、营养丰富、天然无污染，观音柴叶汁凝胶具有持水力强、黏弹性好等特性，说明观音柴叶具有良好的食品加工性能。"观音豆腐"是观音柴叶加水搓揉后的滤汁中加入香灰或草木灰等制成的一种清鲜嫩绿的叶豆腐。此外，观音柴叶还可以用来提取果胶，用作果酱、果冻、软糖的胶凝剂，生产酸奶的水果基质，以及饮料和冰激凌的稳定剂与增稠剂。

【濒危状况及保护措施建议】在浙江省金华市浦江县各乡镇有分布，主要在农居的房前屋后，或者在山上。常见资源。

参 考 文 献

邓国富. 2020. 广西农作物种质资源. 北京: 科学出版社.

方智远. 2017. 中国蔬菜育种学. 北京: 中国农业出版社.

洪霞, 赵永彬, 屈为栋, 等. 2020. 基于表型性状与简单重复序列标记的浙江省芋种质资源遗传多样性比较. 浙江农业学报, 32 (9): 1544-1554.

刘旭, 郑殿升, 黄兴奇. 2013. 云南及周边地区农业生物资源调查. 北京: 科学出版社.

《农作物种质资源技术规范》总编辑委员会. 2007. 农作物种质资源技术规范. 北京: 中国农业出版社.

《浙江省农业志》编纂委员会. 2004. 浙江省农业志（上下册）. 北京: 中华书局.

《浙江通志》编纂委员会. 2021. 浙江通志·农业志. 杭州: 浙江教育出版社.

索 引